季羡林

修身沉思录

季羡林 著

中国财经出版传媒集团
中国财政经济出版社

图书在版编目（CIP）数据

季羡林修身沉思录 / 季羡林著. — 北京 ：中国财政经济出版社，2017. 8
(季羡林沉思录)
ISBN 978-7-5095-7249-8

Ⅰ. ①季… Ⅱ. ①季… Ⅲ. ①个人－修养－通俗读物 Ⅳ. ①B825-49

中国版本图书馆CIP数据核字(2017)第010092号

出 版 人：黄 琦
项目统筹：党海鹏 王芝文
策 划 人：崔岱远
选 编 者：王佩芬
责任编辑：崔岱远
特约编辑：李 强 李 淼
装帧设计：刘 洋
责任印制：刘志豪
推广总监：张丽萍
责任校对：杨瑞琦

中国财政经济出版社 出版
URL：http：// www. cfeph. cn
E-mail：cfeph @ cfeph. cn

社址：北京市海淀区阜成路甲28号 邮政编码：100142
营销中心电话：88190406
北京新华印刷厂印刷 各地新华书店经销
710×1000毫米 16开 19. 5印张 270 000字
2017年8月第1版 2017年8月北京第1次印刷
定价：39. 00元
ISBN 978-7-5095-7249-8
(图书出现印装问题，本社负责调换)
本社质量投诉电话：010-88190744
打击盗版举报热线：010-88190414 QQ：447268889

目录

修身

处　世

治学

修身

季羡林

漫谈伦理道德

现在，“以德治国”的口号已经响彻祖国大地。大家都认为，这个口号提得正确，提得及时，提得响亮，提得明白。但是，什么叫“德”呢？根据我的观察，笼统言之，大家都理解得差不多。如果仔细一追究，则恐怕是言人人殊了。

我不揣谫陋，想对“德”字进一新解。

但是，我既不是伦理学家，对哲学家们那些冗见别扭的分析阐释又不感兴趣。我只能用自己惯常用的野狐谈禅的方法来谈这个问题。既称野狐，必有其不足之处；但同时也必有其优越之处，他没有教条，不见框框，宛如天马行空，驰骋自如，兴之所至，灵气自生，谈言微中，搔着痒处，恐亦难免。坊间伦理学书籍为数必多，我一不购买，二不借阅，唯恐读了以后，“污染”了自己的观点。

近若干年以来，我一直在考虑一个问题。人生一世，必须处理好三个关系：第一，人与大自然的关系，也就是天人关系；第二，人与人的关系，也就是社会关系；第三，个人身、口、意中正确与错误的关系，也就是修身问题。这三个关系紧密联系，互为因果，缺一不可。这些说法也许有人认为太空洞，太玄妙。我看有必要分别加以具体的说明。

首先谈人与大自然的关系。在人类成为人类之前，他们是大自然的一个不可或缺的组成部分。等到成为人类之后，就同自然闹起独立性来，把自己放在自然的对立面上。尤有甚者，特别是在西方，自从产业革命以后，通过所谓发明创造，从大自然中得到了一些甜头，于是诛求无餍，最终提出了“征服自然”的口号。他们忘记了一个基本事实，人类的衣、食、住、行的所有的资料都必须取给于大自然。大自然不会说话，“天何言哉！”但是却能报复。恩格斯说过：“我们不能过分陶醉于我们对自然界的胜利，对于每一次这样的胜利，自然界都报复了我们。”在一百多年以前，大自然的报复还不十分明显，恩格斯竟能说出这样准确无误又含意深远的话，真不愧是马克思主义伟大的奠基人之一！到了今天，大自然的报复已经十分明显，十分怵目惊心，举凡臭氧出洞、温室效应、全球变暖、淡水短缺、生态失衡、物种灭绝、人口爆炸、资源匮乏、新疾病产生、旧环境污染，如此等等，不胜枚举。其中哪一项如果得不到控制都能影响人类的生存前途。到了这样危机关头，世界上一些有识之士才憬然醒悟，开了一些会，采取了一些措施。世界上一些国家的领导人也知道要注意环保问题了。这都是好事；但是，根据我个人的看法，还都是不够的。我们必须努力发出狮子吼，对全世界振聋发聩。

其次，我想谈一谈人与人的关系。自从人成为人以后，就逐渐形成了一些群体，也就是我们现在称之为社会的组织。这些群体形形色色，组织形式不同，组织原则也不同。但其为群体则一也。人与人之间，有时候利益一致，有时候也难免产生矛盾。举一个极其简单的例子，比如讲民主，讲自由，都不能说是坏东西；但又都必须加以限制。就拿大城市交通来说吧，绝对的自由是行不通的，必须有红绿灯，这就是限制。如果没有这个限制，大城市一天也存在不下去。这里撞车，那里撞人，弄得人人自危，不敢出门，社会活动会完全停止，这还能算是一个社会吗？这只是一个小例子，类似的大小例子还能举出一大堆来。因此，我们必须强调要处理好社会关系。

最后，我要谈一谈个人修身问题。一个人，对大自然来讲，是它的对立面；对社会来讲，是它的最基本的组成部分，是它的细胞。因此，在宇宙间，在社会上，一个人所处的地位是十分关键的。一个人在思想、语言和行动方面的正确或错误是有重要意义的。一个人进行修身的重要性也就昭然可见了。

写到这里，也许有人要问：你不是谈伦理道德问题吗，怎么跑野马跑到正确处理三个关系上去了？我敬谨答曰：我谈正确处理三个关系，正是谈伦理道德问题。因为，三个关系处理好，人类才能顺利发展，社会才能阔步前进，个人生活才能快乐幸福，这是最高的道德，其余那些无数的繁琐的道德教条都是从属于这个最高道德标准的，这个道理，即使是粗粗一想，也是不难明白的。如果这三个关系处理不好，就要根据“不好”的程度而定为道德上有缺乏，不道德或“缺德”。严重的“不好”，就是犯罪。这个道理也是容易理解的。

全世界都承认，中国是伦理道德的理论和实践最发达的国家。中国伦理道德的基础是先秦时期的儒家打下的，在其后发展的过程中，又搀杂进来了一些道家思想和佛家思想，终于形成了现在这样一个伦理体系，仍在支配着我们的社会行动。这个体系貌似清楚，实则是一个颇为模糊的体系。三教信条你中有我，我中有你，决不是泾渭分明的。但仍以儒家为主，则是可以肯定的。

儒家的伦理体系在先秦初打基础时可以孔子和孟子为代表。孔子的学说的中心，也可以说是伦理思想的中心是一个“仁”字。这个说法已为学术界比较普遍地所接受。孟子学说的中心，也可以说伦理思想的中心是“仁”“义”二字。对此学术界没有异词。先秦其他儒家的学说，我们不一一论列了。至于先秦以后几千年儒家学者伦理道德的思想，我在这里也不一一论列了。一言以蔽之，他们基本上沿用孔孟的学说，间或有所增益或有新的解释，这是事物发展的必然规律，不足为怪。不这样，反而会是不可思议的。

多少年来，我个人就有个想法。我觉得，儒家伦理道德学说的重点不在理论而在实践。先秦儒家已经安排好了的：格物、致知、诚意、正心、修身、齐家、治国、平天下，是大家所熟悉的。这样的安排极有层次，煞费苦心，然而一点理论的色彩都没有。也许有人会说，人家在这里本来就不想讲理论而只想讲实践的。我们即使承认这一句话是对的，但是，什么是“仁”，什么是“仁”“义”？这在理论上总应该有点交代吧，然而，提到“仁”“义”的地方虽多，也只能说是模糊语言，读者或听者并不能得到一点清晰的概念。

秦代以后，到了唐代，以儒家道统传承人自命的大儒韩愈，对伦理道德的理论问题也并没有说清楚。他那一篇著名的文章《原道》一开头就说：“博爱之谓仁，行而宜之之谓义，由是而之焉之谓道，足乎己无待于外之谓德。”句子读起来铿锵有力，然而他想什么呢？他只有对“仁”字下了一个“博爱”的定义，而这个定义也是极不深刻的。此外几乎全是空话。“行而宜之”的“宜”意思是“适宜”，什么是“适宜”呢？这等于没有说。“由是而之焉”的“之”字意思是“走”。“道”是人走的道路，这又等于白说。至于“德”字，解释又是根据汉儒那一套“德者得也”。读了仍然是让人莫名其妙。至于其他朝代的其他儒家学者对仁义道德的解释更是五花八门，莫衷一是。我不是伦理学者，现在也不是在写中国伦理学史，恕我不再一一列举了。

我在上面极其概括地讲了从先秦一直到韩愈儒家关于仁义道德的看法。现在，我忽然想到，我必须做一点必要的补充。我既然认为，处理好天人关系在道德范畴内居首要地位，我必须探讨一下，中国古代对于这个问题是怎样看的，换句话说，我必须探讨一下先秦时代一些有代表性的哲学家对天、地、自然等概念是怎样界定的。

首先谈“天”。一些中国哲学史认为，在春秋末期哲学家们争论的主要问题之一是，“天”是否是有人格有意志的神？这些哲学家大体上可以分为两个阵营：一个阵营主张不是，他们认为天是物质性的东西，就是我们头顶的天。这可以老子为代表。汉代《说文解字》的“天，颠也，至高无上”，可以归入此类。一个阵营的主张是，他们认为天就是上帝，能决定人类的命运，决定个人的命运。这可以孔子为代表。有一些中国哲学史袭用从苏联贩卖过来的办法，先给每一个哲学家贴上一张标签，不是唯心主义，就是唯物主义，把极端复杂的思想问题简单化了。这种做法为我所不取。

老子《道德经》中在几个地方都提到天、地、自然等等。他说：“人法地，地法天，天法道，道法自然。”（二十五章）在这一段话里老子哲学的几个重要概念都出现了。他首先提出“道”这个概念，在他以后的中国哲学史上起着重要的作用。这里的“天”显然不是有意志的上帝，而是与“地”相对的物质性的东西。这里的“自然”是最高原则。老子主张“无为”，“自然”不就是“无为”吗？他又说：“天地不仁，以万物为刍狗。”（五章）明确说天地是没有意志的。他又说：“道之尊，德之贵，夫莫之命而常自然。”（五十一章）道德不发号施令，而是让万物自由自在地成长。总而言之，老子认为天不是神，而是物质的东西。

几乎可以说是与老子形成对立面的是孔子。在《论语》中有许多讲到“天”的地方。孔子虽然说“子不语怪力乱神”；但是，在他的心目中是有神的，只不过是“敬鬼神而远之”而已。“天”在孔子看来也是有人格有意志的神。孔子关于“天”的话我引几条：“天何言哉！四时行焉，百物生焉，天何言哉！”“天之将丧斯文也，后死者不得与于斯文也；天之未丧斯文也，匡人其如予何！”“天生德于予，桓魋其如予何！”等等。孔子还提倡“天命”，也就是天的意志、天的命令，自命为孔子继承人的孟子，对“天”的看法同孔子差不多。那一段常被征引的话：“天之将降大任于斯人也，必先苦其心志，劳其筋骨，饿其体肤，空乏其身，行拂乱其所为。所以动心忍性，曾（增）益其所不能。”在这里，“天”也是一个有意志的主宰者。

也被认为是儒家的荀子，对“天”的看法却与老子接近，而与孔孟迥异其趣。他不承认天是有人格、有意志的最高主宰者。有的哲学史家说，荀子直接把“天”解释为自然界。我个人认为，这是非常重要也非常正确的解释。荀子主要是在《天论》中对“天”做了许多唯物的解释，我不去抄录。我想特别提出“天养”说：“财非其类以养其类，夫是之谓天养。”意思是说人类利用大自然养活自己。这也是很重要的思想。多少年前我曾写过一篇论文《“天人合一”新解》。我当时没有注意到荀子对“天”的解释，所以自命为“新解”，其实并不新了，荀子已先我二千多年言之矣。我的贡献在于结合当前世界的情况把“天人合一”归入道德最高标准而已。这一点我在上面讲天人关系一节中已经讲到，请读者参阅。

我在上面只讲了老子、孔子、孟子和荀子。其他诸子对“天”的看法也是五花八门的。因为同我要谈的问题无关，我不一一论列。我只讲一下墨子，他认为“天”是有意志的，这同儒家的孔孟差不多。

我的补充解释就到此为止。

尽管荀子对“天”的认识已经达到很高的水平，但是支配中国思想界的儒家仍然是保守的。我想再回头分析一下上面已经提到过的格、致等八个层次。前五项都与修身有关，后三项则讲的是社会关系。没有一项是天人关系的。这是什么原因呢？根据我个人肤浅的看法，先秦儒家，大概同一般老百姓一样，觉得天离开人们远，也有点恍兮惚兮，不容易捉摸，而人际关系则是摆在眼前的，时时处处，都会碰上，不注意解决是不行的。我们汉族是一个偏重实际的民族。所以就把注意力大部分用在解决社会关系和个人修身上面了。

几千年来，在中国的封建社会中，有很多形成系列的道德教条，什么仁、义、礼、智、信，什么孝、悌、忠、信、礼、义、廉、耻，如此等等，不一而足。每一个人在社会中的地位也排列得井井有条，比如五伦之类。亲属间的称呼也有条不紊，什么姑夫、舅父、表姑、表舅等等，世界上哪一种语言也翻译不出来，甚至在当前的中国，除了年纪大的一些人以外，年轻人自己也说不明白了。《白虎通》的三纲、六纪，陈寅恪先生认为是中国文化精义之所寄，可见中国这一些处理社会关系的准则在他心目中的重要地位了。

上面讲的是社会关系和个人修身问题。至于天人关系，除了先秦诸子所讲的以外，中国历代还有一种说法，就是所谓

"天子"，说皇帝是上天的儿子。这种说法对皇帝和臣民都有好处。皇帝以此来吓唬老百姓，巩固自己的地位。臣下也可以适当地利用它来给皇帝一点制约，比如利用日食、月食、彗星出现等等"天变"来向皇帝进谏，要他注意修德，要他注意自己的行动。这对人民多少有点好处。

把以上所讲的归纳起来看，本文中所讲三个关系，第二个关系社会关系和第三个个人修身问题，人们早已注意到了，而且一贯加以重视了。至于天人关系，虽也已注意到，但只是片面讲，其间的关系则多所忽略，特别是对大自然能够报复，则认识比较晚，这情况中西皆然。只是到了西方产业革命以后，西方科技发展迅猛，人们忘乎所以，过分相信人定胜天的力量，以致受到了自然的报复，才出现了恩格斯所说的那种情况。到了今天，世界上一些有识之士，其中包括一些国家领导人，如梦初醒，惊呼"环保"不止。然而，从世界范围来看，并不是每个人都清醒够了。污染大气，破坏生态平衡的举动仍然到处可见。我个人的看法是不容乐观，因此我才把处理好天人关系提高到伦理道德的高标准来加以评断。

从一部人类发展前进的历史来看，三个关系的各自的对立面并不是固定不变的，而是变动不居的。因此制约这些关系的伦理道德教条也不可能一成不变。各个时代，各个民族，各个国家，情况不一，要求不一，道德标准也不可能统一。因此，我们必须提出，对过去的道德标准一定要批判继承。过去适用的，今天未必适用。今天适用的，将来未必适用。在道德教条中有的寿命长，有的寿命短。有的可能适用于全人类，有的只能适用于某一些地区。适用于一切时代、一切地区，万古常青的道德教条恐怕是绝无仅有的。

文章已经写得很长，必须结束了。我再着重说明一下，我不是伦理学家，没有研究过伦理学史。我只是习惯于胡思乱想。我常感觉到，中国以及世界上道德教条多如牛毛，如粒粒珍珠，熠熠闪光。可是都有点各自为政，不相贯联。我现在不揣冒昧提出了一条贯串众珠的线，把这些珠子穿了起来。是否恰当？自己不敢说。请方家不吝教正。

2001 年 5 月 25 日

关于人的素质的几点思考

一、我们当前所面临的形势

谈问题必须从实际出发，这几乎成了一个常识。谈人的素质又何能例外？

在这方面，我们，包括大陆和台湾，甚至全世界，我们所面临的形势怎样呢？我觉得，法鼓人文社会学院的“通告”中说得简洁而又中肯：

> 识者每以今日的社会潜伏下列诸问题为忧：即功利气息弥漫，只知夺取而缺乏奉献和服务的精神；大家对社会关怀不够，环境日益恶化；一般人虽受相当教育，但缺乏判断是非善恶的能力；科技教育与人文教育未能整合，阻碍教育整体发展，亦且影响学生健全人格的养成。

这些话都切中时弊。

在这里，我想补充上几句。

我们眼前正处在20世纪的世纪末和千纪末中。“世纪”和“千纪”都是人为地创造出来的；但是，一旦创造出来，它似乎就对人类活动产生了影响。19世纪的世纪末可以为鉴，当前

1999 年，季羡林访问台湾地区期间，参加台北法鼓人文社会学院举办的“人文关怀与社会实践”系列学术研讨会。

的这一个世纪末，也不例外。在政治、经济等方面所发生的巨大变化，有目共睹。我特别想指出环境保护等方面的令人触目惊心的情况。这些都与西方科学技术的发展密切相联。

西方自产业革命以后，科技飞速发展。生产力解放之后，远迈前古。结果给全体人类带来了极大的意想不到的福利。这一点是无论如何也否认不掉的。但是同时也带来了同样是想不到的弊端或者危害，比如空气污染、海河污染、生态平衡破坏、一些动植物灭种、环境污染、臭氧层出洞、人口爆炸、淡水资源匮乏、新疾病产生，如此等等，不一而足。这些灾害中任何一项如果避免不了，祛除不掉，则人类生存前途就会受到威胁。所以，现在全世界有识之士以及一些政府，都大声疾呼，注意环保工作。这实在值得我们钦佩。

英国浪漫主义诗人雪莱（Shelley）以诗人的惊人的敏感，在 19 世纪初叶，正当西方工业发展如火如荼地上升的时候，在他所著的于 1821 年出版的《诗辩》中，就预见到它能产生的恶果。他不幸而言中，他还为这种恶果开出了解救的药方：诗与想象力，再加上一个爱。这也实在值得我们佩服。

眼前的这一个世纪末，实在是人类历史上一个空前的大动荡、大转轨的时代。在这样的时机中，我们平常所说的“代沟”空前地既深且广。老少两代人之间的隔阂十分严峻。有人把现在年轻的一代人称为“新人类”，据说日本也有这个词儿，这个词儿意味深长。

二、人的天性或本能

我们就处在这样的环境条件下来探讨人的天性的一些

想法。

两千多年以来，中国哲学史上始终有一个争论不休的问题：性善与性恶。孟子主性善，荀子主性恶，这是众所周知的事实。两说各有拥护者和反对者，中立派就主张性无善无恶说。我个人的看法接近此说，但又不完全相同。如果让我摆脱骑墙派的立场，说出真心话的话，我赞成性恶说，然则根据何在呢？

由于行当不对头——我重点搞的是古代佛教历史、中亚古代语文、佛教史、中印和中外文化交流史等——我对生理学和心理学所知甚微。根据我多年的观察与思考，我觉得，造物主或天或大自然，一方面赋予人和一切生物（动植物都在内）以极强烈的生存欲，另一方面又赋予它们极强烈的发展扩张欲。一棵小草能在砖石重压之下，以惊人的毅力，钻出头来，真令我惊叹不置。一尾鱼能产上百上千的卵，如果每一个卵都能长成鱼，则湖海有朝一日会被鱼填满。植物无灵，但有能，它想尽办法，让自己的种子传播出去。类似的例子，举不胜举。但是，与此同时，造物主又制造某些动植物的天敌，大鱼吃小鱼，小鱼吃虾米，猫吃老鼠，等等，等等。总之是，一方面让你生存发展，一方面又遏制你生存发展，以此来保持物种平衡、人和动植物的平衡。这是造物主给生物开玩笑。老子说："天地不仁，以万物为刍狗。"意思与此差为相近。如此说来，荀子的性恶说能说没有根据吗？荀子说："人之性恶，其善者伪也。""伪"字在这里有"人为"的意思，不全是"假"。总之，这说法比孟子性善说更能说得过去。

三、道德问题

写到这里，我认为可以谈道德问题了。道德讲善恶，讲好坏，讲是非，等等。那么，什么是善，是好，是是呢？根据我上面的说法，我们可以说：自己生存，也让别的人或动植物生存，这就是善。只考虑自己生存不考虑别人生存，这就是恶。《三国演义》中说曹操有言："宁教我负天下人，休教天下人负我。"这是典型的恶。要一个人不为自己的生存考虑，是不可能的，是违反人性的。只要能做到既考虑自己也考虑别人，这一个人就算及格了，考虑别人的百分比愈高，则这个人的道德水平也就愈高。百分之百考虑别人，所谓"毫不利己，专门利人"，是做不到的。那极少数为国家、为别人牺牲自己性命的，用一个哲学家的现成的话来说是出于"正义行动"。

只有人类这个"万物之灵"才能做到既为自己考虑，也能考虑到别人的利益。一切动植物是绝对做不到的，它们根本没有思维能力。它们没有自律，只有他律，而这他律就来自大自然或者造物主。人类能够自律，但也必须辅之以他律。康德所谓"消极义务"，多来自他律。他讲的"积极义务"，则多来自自律。他律的内容很多，比如社会舆论、道德教条等等都是。而最明显的则是公安局、检察机构、法院。

写到这里，我想把话题扯远一点，才能把我想说的问题说明白。

人生于世，必须处理好三个关系：一、人与大自然的关系，那也称之为"天人关系"；二、人与人的关系，也就是社会关系；三、人自己的关系，也就是个人思想感情矛盾与平衡的问题。这三个关系处理好，人就幸福愉快；否则就痛苦。

在处理第一个关系时，也就是天人关系时，东西方，至少在指导思想方向上截然不同。西方主“征服自然”（to conquer the nature），《天演论》的“物竞天择，适者生存”，即由此而出。但是天或大自然是能够报复的，能够惩罚的。你“征服”得过了头，它就报复。比如砍伐森林，砍光了森林，气候就受影响，洪水就泛滥。世界各地都有例可证。今年大陆的水灾，根本原因也在这里。这只是一个小例子，其余可依此类推。学术大师钱穆先生一生最后一篇文章《中国文化对人类未来可有的贡献》，讲的就是“天人合一”的问题，我冒昧地在钱老文章的基础上写了两篇补充的文章，我复印了几份，呈献给大家，以求得教正。

“天人合一”是中国哲学史上一个重要命题，解释纷纭，莫衷一是。钱老说：“我曾说‘天人合一’论，是中国文化对人类最大的贡献。”我的补充明确地说，“天人合一”就是人与大自然要合一，要和平共处，不要讲征服与被征服。西方近二百年以来，对大自然征服不已，西方人以“天之骄子”自居，骄横不可一世，结果就产生了我在本文第一章里补充的那一些弊端或灾害。钱宾四先生文章中讲的“天”似乎重点是“天命”，我的“新解”，“天”是指的大自然。这种人与大自然要和谐相处的思想，不仅仅是中国思想的特征，也是东方各国思想的特征。这是东西文化思想分道扬镳的地方。在中国，表现这种思想最明确的无过于宋代大儒张载，他在《西铭》中说：“民，吾同胞；物，吾与也。”“物”指的是天地万物。佛教思想中也有“天人合一”的因素，韩国吴亨根教授曾明确地指出这一点来。佛教基本教规之一的“五戒”中就有戒杀生一条，同中国“物与”思想一脉相通。

四、修养与实践问题

我体会，圣严法师之所以不惜人力和物力召开这样一个规模宏大的会议，大陆暨香港地区以及台湾的许多著名的学者专家之所以不远千里来此集会，决不会是让我们坐而论道的。道不能不论，不论则意见不一致，指导不明确，因此不论是不行的。但是，如果只限于论，则空谈无补于实际，没有多大意义。况且，圣严法师为法鼓人文社会学院明定宗旨是“提升人的品质，建设人间净土”。这次会议的宗旨恐怕也是如此。所以，我们在议论之际，也必须想出一些具体的办法。这样会议才能算是成功的。

我在本文第一章中已经讲到过，我们中国和全世界所面临的形势是十分严峻的。钱穆先生也说：“近百年来，世界人类文化所宗，可说全在欧洲。最近50年，欧洲文化近于衰落，此下不能再为世界人类文化向往之宗主。所以可说，最近乃人类文化之衰落期。此下世界文化又将何所向往？这是今天我们人类最值得重视的现实问题。”可谓慨乎言之矣。

我就是在面临这样严峻的情况下提出了修养和实践问题的，也可以称之为思想与行动的关系，二者并不完全一样。

所谓修养，主要是指思想问题、认识问题、自律问题，他律有时候也是难以避免的。在大陆，帮助别人认识问题，叫做“做思想工作”。一个人遇到疑难，主要靠自己来解决，首先在思想上解决了，然后才能见诸行动，别人的点醒有时候也起作用。佛教禅宗主张“顿悟”。觉悟当然主要靠自己，但是别人的帮助有时也起作用。禅师的一声断喝，一记猛掌，一句狗屎橛，也能起振聋发聩的作用。宋代理学家有一个克制私欲的办

“圣严法师（中）为法鼓人文社会学院明定宗旨是‘提升人的品质，建设人间净土’。”

法。清尹铭绶《学见举隅》中引朱子的话说：

> 前辈有欲澄治思虑者，于坐处置两器，每起一善念，则投白豆一粒于器中；每起一恶念，则投黑豆一粒于器中。初时黑豆多，白豆少，后来遂不复有黑豆，最后则虽白豆亦无之矣。然此只是个死法，若更加以读书穷理的工夫，则去那般不正作当底思虑，何难之有！

这个方法实际上是受了佛经的影响。《贤愚经》卷十三，（六七）优波提品第六十讲到一个“系念”的办法：

> 以白黑石子，用当筹算。善念下白，恶念下黑。优波毱提奉受其教，善恶之念，辄投石子。初黑偶多，白者甚少。渐渐修习，白黑正等。系念不止。更无黑石，纯有白者。善念已盛，逮得初果。（《大正新修大藏经》，第四卷，页四四二下）

这与朱子说法几乎完全一样，区别只在豆与石耳。

这个做法究竟有多大用处？我们且不去谈。两个地方都讲善念、恶念。什么叫善？什么叫恶？中印两国的理解恐怕很不一样。中国的宋儒不外孔孟那些教导，印度则是佛教教义。我自己对善恶的看法，上面已经谈过。要系念，我认为，不外是放纵本性与遏制本性的斗争而已。为什么要遏制本性？目的是既让自己活，也让别人活。因为如果不这样做的话，则社会必然乱了套，就像现代大城市里必然有红绿灯一样，车往马来，必然要有法律和伦理教条。宇宙间，任何东西，包括人与动植物，都不允许有“绝对自由”。为了宇宙正常运转，为了人类社会正常活动，不得不尔也。对动植物来讲，它们不会思考，不能自律，只能他律。人为万物之灵，是能思考、能明辨是非的动物，能自律，但也必济之以他律。朱子说，这个系念的办法是个“死法”，光靠它是不行的，还必须读书穷理，才能去掉那些不正当的思虑。读书当然是有益的，但却不能只限于孔孟之书；穷理也是好的，但标准不能只限于孔孟之道。特别是在今天，在一个新世纪即将来临之际，眼光更要放远。

眼光怎样放远呢？首先要看到当前西方科技所造成的弊端，人类生存前途已处在危机中。世人昏昏，我必昭昭。我们必须力矫西方“征服自然”之弊，大力宣扬东方“天人合一”的思想，年轻人更应如此。

以上主要讲的是修养。光修养还是很不够的，还必须实践，也就是行动，最好能有一个信仰，宗教也好，什么主义也好；但必须虔诚、真挚。这里存不得半点虚假成分。我们不妨先从康德的“消极义务”做起：不污染环境、不污染空气、不污染河湖、不胡乱杀生、不破坏生态平衡、不砍伐森林，还有很多“不”。这些“消极义务”能产生积极影响。这样一来，个人的修养与实践、他人的教导与劝说，再加上公、检、法的制约，本文第一章所讲的那一些弊害庶几可以避免或减少，圣严法师所提出的希望庶几能够实现，我们同处于“人间净土”中。“挽狂澜于既倒”，事在人为。

1999 年 3 月 29 日

本篇为作者在台北法鼓人文社会学院召开的“人文关怀与社会实践”系列学术研究会上的讲话

我写我

我写我，真是一个绝妙的题目；但是，我的文章却不一定妙，甚至很不妙。

每一个人都有一个“我”，二者亲密无间，因为实际上是一个东西。按理说，人对自己的“我”应该是十分了解的；然而，事实上却不尽然。依我看，大部分人是不了解自己的，都是自视过高的。这在人类历史上竟成了一个哲学上的大问题。否则古希腊哲人发出狮子吼：“要认识你自己！”岂不成了一句空话吗？

我认为，我是认识自己的，换句话说，是有点自知之明的。我经常像鲁迅先生说的那样剖析自己。然而结果并不美妙，我剖析得有点过了头，我的自知之明过了头，有时候真感到自己一无是处。

这表现在什么地方呢？

拿写文章做一个例子。专就学术文章而言，我并不认为“文章是自己的好”。我真正满意的学术论文并不多。反而别人的学术文章，包括一些青年后辈的文章在内，我觉得是好的。为什么会出现这种心情呢？我还没得到答案。

再谈文学作品。在中学时候，虽然小伙伴们曾赠我一个“诗人”的绰号，实际上我没有认真写过诗。至于散文，则是写的，而且已经写了六十多年。加起来也有七八十万字了。然而自己真正满意的也屈指可数。在另一方面，别人的散文就真正觉得好的也十分有限。这又是什么原因呢？我也还没得到答案。

在品行的好坏方面，我有自己的看法。什么叫好？什么又叫坏？我不通伦理学，没有深邃的理论，我只能讲几句大白话。我认为，只替自己着想，只考虑个人利益，就是坏。反之能替别人着想，考虑别人的利益，就是好。为自己着想和为别人着想，后者能超过一半，他就是好人。低于一半，则是不好的人；低得过多，则是坏人。

拿这个尺度来衡量一下自己，我只能承认自己是一个好人。我尽管有不少的私心杂念，但是总起来看，我考虑别人的利益还是多于一半的。至于说真话与说谎，这当然也是衡量品行的一个标准。我说过不少谎话，因为非此则不能生存。但是我还是敢于讲真话的。我的真话总是大大地超过谎话。因此我是一个好人。

我这样一个自命为好人的人，生活情趣怎样呢？我是一个感情充沛的人，也是兴趣不老少的人。然而事实上生活了八十年以后，到头来自己都感到自己枯燥乏味，干干巴巴，好像是一棵枯树，只有树干和树枝，而没有一朵鲜花，一片绿叶。自己搞的所谓学问，别人称之为“天书”。自己写的一些专门的学术著作，别人视之为神秘。年届耄耋，过去也曾有过一些幻想，想在生活方面改弦更张，减少一点枯燥，增添一点滋润，在枯枝粗干上开出一点鲜花，长上一点绿叶；然而直到今天，仍然是忙忙碌碌，有时候整天连轴转，“为他人做嫁衣裳”，而且退休无日，路穷有期，可叹亦复可笑！

我这一生，同别人差不多，阳关大道，独木小桥，都走过跨过。坎坎坷坷，弯弯曲曲，一路走了过来。我不能不承认，我运气不错，所得到的成功，所获得的虚名，都有点名不副实。在另一方面，我的倒霉也有非常人所可得者。在那骇人听闻的所谓什么“大革命”中，因为敢于仗义执言，几乎把老命赔上。皮肉之苦也是永世难忘的。

现在，我的人生之旅快到终点了。我常常回忆八十年来的历程，感慨万端。我曾问过自己一个问题：如果真有那么一个造物主，要加恩于我，让我下一辈子还转生为人，我是不是还走今生走的这一条路？经过了一些思虑，我的回答是：还要走这一条路。但是有一个附带条件：让我的脸皮厚一些，让我的心黑一点，让我考虑自己的利益多一点，让我的自知之明少一点。

1992 年 11 月 16 日

谦虚与虚伪

在伦理道德的范畴中，谦虚一向被认为是美德，应该扬。而虚伪则一向被认为是恶习，应该抑。

然而，究其实际，两者间有时并非泾渭分明，其区别间不容发。谦虚稍一过头，就会成为虚伪。我想，每个人都会有这种体会的。

在世界文明古国中，中国是提倡谦虚最早的国家。在中国最古的经典之一的《尚书·大禹谟》中就已经有了“满招损，谦受益，时（是）乃天道”这样的教导，把自满与谦虚提高到“天道”的水平，可谓高矣。从那以后，历代的圣贤无不张皇谦虚，贬抑自满。一直到今天，我们常用的词汇中仍然有一大批与“谦”字有联系的词儿，比如“谦卑”“谦恭”“谦和”“谦谦君子”“谦让”“谦顺”“谦虚”“谦逊”等等，可见“谦”字之深入人心，久而愈彰。

我认为，我们应当提倡真诚的谦虚，而避免虚伪的谦虚，后者与虚伪间不容发矣。

可是在这里我们就遇到了一个拦路虎：什么叫“真诚的谦虚”呢？什么又叫“虚伪的谦虚”？两者之间并非泾渭分明，简直可以说是因人而异，因地而异，因时而异，掌握一个正确的分寸难于上青天。

最突出的是因地而异，“地”指的首先是东方和西方。在东方，比如说中国和日本，提到自己的文章或著作，必须说是

"拙作"或"拙文"。在西方各国语言中是找不到相当的词儿的，尤有甚者，甚至可能产生误会。中国人请客，发请柬必须说"洁治菲酌"，不了解东方习惯的西方人就会满腹疑团：为什么单单用"不丰盛的宴席"来请客呢？日本人送人礼品，往往写上"粗品"二字，西方人又会问：为什么不用"精品"来送人呢？在西方，对老师，对朋友，必须说真话，会多少，就说多少。如果你说，这个只会一点点儿，那个只会一星星儿，他们就会信以为真，在东方则不会。这有时会很危险的。至于吹牛之流，则为东西方同样所不齿，不在话下。

可是怎样掌握这个分寸呢？我认为，在这里，真诚是第一标准。虚怀若谷，如果是真诚的话，它会促你永远学习，永远进步。有的人永远"自我感觉良好"，这种人往往不能进步。康有为是一个著名的例子。他自称，年届而立，天下学问无不掌握。结果说康有为是一个革新家则可，说他是一个学问家则不可。较之乾嘉诸大师，甚至清末民初诸大师，包括他的弟子梁启超在内，他在学术上是没有建树的。

总之，谦虚是美德，但必须掌握分寸，注意东西。在东方谦虚涵盖的范围广，不能施之于西方，此不可不注意者。然而，不管东方或西方，必须出之以真诚，有意的过分的谦虚就等于虚伪。

1998年10月3日

知足知不足

曾见冰心老人为别人题座右铭:“知足知不足，有为有不为。”言简意赅，寻味无穷。特写短文两篇，稍加诠释。先讲知足知不足。

中国有一句老话:“知足常乐”，为大家所遵奉。什么叫“知足”呢？还是先查一下字典吧。《现代汉语词典》说:“知足：满足于已经得到的（指生活、愿望等）。”如果每个人都能满足于已经得到的东西，则社会必能安定，天下必能太平，这个道理是显而易见的。可是社会上总会有一些人不安分守己，癞蛤蟆想吃天鹅肉。这样的人往往要栽大跟头的。对他们来说，“知足常乐”这句话就成了灵丹妙药。

但是，知足或者不知足也要分场合的。在旧社会，穷人吃草根树皮，阔人吃燕窝鱼翅。在这样的场合下，你劝穷人知足，能劝得动吗？正相反，应当鼓励他们不能知足，要起来斗争。这样的不知足是正当的，是有重大意义的，它能伸张社会正义，能推动人类社会前进。

除了场合以外，知足还有一个分的问题。什么叫分？笼统言之，就是适当的限度。人们常说的“安分”“非分”等等，指的就是限度。这个限度也是极难掌握的，是因人而异、因地而异的。勉强找一个标准的话，那就是“约定俗成”。我想，冰心老人之所以写这一句话，其意不过是劝人少存非分之想而已。

至于知不足，在汉文中虽然字面上相同，其涵义则有差别。这里所谓“不足”，指的是“不足之处”，“不够完美的地方”。这句话同“自知之明”有联系。

自古以来，中国就有一句老话：“人贵有自知之明。”这一句话暗示给我们，有自知之明并不容易，否则这一句话就用不着说了。事实上也确实如此。就拿现在来说，我所见到的人，大都自我感觉良好。专以学界而论，有的人并没有读几本书，却不知天高地厚，以天才自居，靠自己一点小聪明——这能算得上聪明吗？——狂傲恣睢，骂尽天下一切文人，大有用一枚毛锥横扫六合之慨，令明眼人感到既可笑，又可怜。这种人往往没有什么出息的。因为，又有一句中国老话：“学如逆水行舟，不进则退。”还有一句中国老话“学海无涯”，说的都是真理。但在这些人眼中，他们已经穷了学海之源，往前再没有路了，进步是没有必要的。他们除了自我欣赏之外，还能有什么出息呢？

古代希腊也认为自知之明是可贵的，所以语重心长地说出了：“要了解你自己！”中国同希腊相距万里，可竟说了几乎是一模一样的话，可见这些话是普遍的真理。中外几千年的思想史和科学史，也都证明了一个事实：只有知不足的人才能为人类文化作出贡献。

2001年2月21日

有为有不为

"为"，就是"做"。应该做的事，必须去做，这就是"有为"。不应该做的事必不能做，这就是"有不为"。

在这里，关键是"应该"二字。什么叫"应该"呢？这有点像仁义的"义"字。韩愈给"义"字下的定义是"行而宜之之谓义"。"义"就是"宜"。而"宜"就是"合适"，也就是"应该"，但问题仍然没有解决。要想从哲学上、从伦理学上说清楚这个问题，恐怕要写上一篇长篇论文，甚至一部大书。我没有这个能力，也认为根本无此必要。我觉得，只要诉诸一般人都能够有的良知良能，就能分辨清是非善恶了，就能知道什么事应该做，什么事不应该做了。

中国古人说："勿以善小而不为，勿以恶小而为之。"可见善恶是有大小之别的，应该不应该也是有大小之别的，并不是都在一个水平上。什么叫大，什么叫小呢？这里也用不着繁琐的论证，只须动一动脑筋，睁开眼睛看一看社会，也就够了。

小恶、小善，在日常生活中，随时可见。比如在公共汽车上给老人和病人让座，能让，算是小善；不能让，也只能算是小恶，够不上大逆不道。然而，从那些一看到有老人或病人上车就立即装出闭目养神的样子的人身上，不也能由小见大看出了社会道德的水平吗？

至于大善、大恶，目前社会中也可以看到，但在历史上却看得更清楚。比如宋代的文天祥，他为元军所虏，如果他想活下去，屈膝投敌就行了，不但能活，而且还能有大官做，最多是在身后被列入“贰臣传”，“身后是非谁管得”，管那么多干嘛呀。然而他却高赋《正气歌》，从容就义，留下英名万古传，至今还在激励着我们全国人民的爱国热情。

通过上面举的一个小恶的例子和一个大善的例子，我们大概对大小善和大小恶能够得到一个笼统的概念了。凡是对国家有利，对人民有利，对人类发展、前途有利的事情就是大善，反之就是大恶。凡是对处理人际关系有利，对保持社会安定团结有利的事情可以称之为小善，反之就是小恶。大小之间有时难以区别，这只不过是一个大体的轮廓而已。

大小善和大小恶有时候是有联系的。俗话说：千里之堤，溃于蚁穴。拿眼前常常提到的贪污行为而论。往往是先贪污少量的财物，心里还有点打鼓。但是，一旦得逞，尝到甜头，又没被人发现，于是胆子越来越大，贪污的数量也越来越多，终至于一发而不可收拾，最后受到法律的制裁，悔之晚矣。也有个别的识时务者，迷途知返，就是所谓浪子回头者，然而难矣哉！

我的希望很简单，我希望每个人都能有为有不为。一旦“为”错了，就毅然回头。

2001年2月23日

毁　誉

好誉而恶毁，人之常情，无可非议。

古代豁达之人倡导把毁誉置之度外。我则另持异说，我主张把毁誉置之度内。置之度外，可能表示一个人心胸开阔；但是，我有点担心，这有可能表示一个人的糊涂或颟顸。

我主张对毁誉要加以细致的分析。首先要分清：谁毁你？谁誉你？在什么时候？在什么地方？由于什么原因？这些情况弄不清楚，只谈毁誉，至少是有点模糊。

我记得在什么笔记上读到过一个故事。一个人最心爱的人，只有一只眼。于是他就觉得天下人（一只眼者除外）都多长了一只眼。这样毁誉能靠得住吗？

还有我们常常讲什么“党同伐异”，又讲什么“臭味相投”等等。这样的毁誉能相信吗？

孔门贤人子路“闻过则喜”，古今传为美谈。我根本做不到，而且也不想做到，因为我要分析：是谁说的？在什么时候，在什么地点，因为什么而说的？分析完了以后，再定“则喜”，或是“则怒”。喜，我不会过头。怒，我也不会火冒十丈，怒发冲冠。孔子说：“野哉，也！”大概子路是一个粗线条的人物，心里没有像我上面说的那些弯弯绕。

我自己有一个颇为不寻常的经验。我根本不知道世界上有某一位学者，过去对于他的存在，我一点都不知道；然而，他却同我结了怨。因为，我现在所占有的位置，他认为本来是应该属于他的，是我这个“鸠”把他这个“鹊”的“巢”给占据了。因此，勃然对我心怀不满。我被蒙在鼓里，很久很久，最后才有人透了点风给我。我知道，天下竟有这种事，只能一笑置之。不这样又能怎样呢？我想向他道歉，挖空心思，也找不出丝毫理由。

大千世界，芸芸众生，由于各人禀赋不同，遗传基因不同，生活环境不同，所以各人的人生观、世界观、价值观、好恶观等等，都不会一样，都会有点差别。比如吃饭，有人爱吃辣，有人爱吃咸，有人爱吃酸，如此等等。又比如穿衣，有人爱红，有人爱绿，有人爱黑，如此等等。在这种情况下，最好是各人自是其是，而不必非人之非。俗语说：“各扫自家门前雪，不管他人瓦上霜。”这话本来有点贬义，我们可以正用。每个人都会有友，也会有“非友”，我不用“敌”这个词儿，避免误会。友，难免有誉；非友，难免有毁。碰到这种情况，最好抱上面所说的分析的态度，切不要笼而统之，一锅糊涂粥。

好多年来，我曾有过一个“良好”的愿望：我对每个人都好，也希望每个人对我都好。只望有誉，不能有毁。最近我恍然大悟，那是根本不可能的。如果真有一个人，人人都说他好，这个人很可能是一个极端圆滑的人，圆滑到琉璃球又能长上脚的程度。

1997 年 6 月 23 日

难得糊涂

清代郑板桥提出来的亦书写出来的“难得糊涂”四个大字，在中国，真可以说是家喻户晓、尽人皆知的。一直到今天，二百多年过去了，但在人们的文章里，讲话里，以及嘴中常用的口语中，这四个字还经常出现，人们都耳熟能详。

我也是难得糊涂党的成员。

不过，在最近几个月中，在经过了一场大病之后，我的脑筋有点开了窍。我逐渐发现，糊涂有真假之分，要区别对待，不能眉毛胡子一把抓。

什么叫真糊涂，而什么又叫假糊涂呢？

用不着作理论上的论证，只举几个小事例就足以说明了。例子就从郑板桥举起。

郑板桥生在清代乾隆年间，所谓康乾盛世的下一半。所谓盛世历代都有，实际上是一块其大无垠的遮羞布。在这块布下面，一切都照常进行。只是外寇来的少，人民作乱者寡，大部分人能勉强吃饱了肚子，“不识不知，顺帝之则”了。最高统治者的宫廷斗争，仍然是血腥淋漓，外面小民是不会知道的。历代的统治者都喜欢没有头脑没有思想的人；有这两个条件的只是士这个阶层。所以士一直是历代统治者的眼中钉。可离开他们又不行。于是胡萝卜与大棒并举。少部分争取到皇帝帮闲或帮忙的人，大致已成定局。等而下之，一大批士都只有一条向上爬的路——科举制度，成功与否，完全看自己的运气。翻一翻《儒林外史》，就能洞悉一切。但同时皇帝也多以莫须有的罪名大兴文字狱，杀鸡给猴看。统治者就这样以软硬兼施的手法，统治天下。看来大家都比较满意。但是我认为，这是真糊涂，如影随形，就在自己身上，并不“难得”。

我的结论是：真糊涂不难得，真糊涂是愉快的，是幸福的。

此事古已有之，历代如此。楚辞所谓“举世皆浊我独清，众人皆醉我独醒”，所谓“醉”，就是我说的糊涂。

可世界上还偏有郑板桥这样的人，虽然人数极少极少，但毕竟是有的。他们为天地留了点正气。他已经考中了进士。据清代的一本笔记上说，由于他的书法不是台阁体，没能点上翰林，只能外放当一名知县，“七品官耳”。他在山东潍县做了一任县太爷，又偏有良心，同情小民疾苦，有在潍县衙斋里所做的诗为证。结果是上官逼，同僚挤，他忍受不了，只好丢掉乌纱帽，到扬州当八怪去了。他一生诗书画中都有一种愤闷不平之气，有如司马迁的《史记》。他倒霉就倒在世人皆醉而他独醒，也就是世人皆真糊涂而他独必须装糊涂，假糊涂。

我的结论是：假糊涂才真难得，假糊涂是痛苦，是灾难。

现在说到我自己。

我初进三〇一医院的时候，始终认为自己患的不过是癣疥之疾。隔壁房间里主治大夫正与北大校长商议发出病危通告，我这里却仍然嬉皮笑脸，大说其笑话。终医院里的四十六天，我始终没有危急感。现在想起来，真正后怕。原因就在，我是真糊涂，极不难得，极为愉快。

我虔心默祷上苍，今后再也不要让真糊涂进入我身，我宁愿一生背负假糊涂这一个十字架。

2002年12月2日在三〇一医院

于大夫、护士嘈杂声中写成，亦一快事也。

糊涂一点 潇洒一点

最近一个时期，经常听到人们的劝告：要糊涂一点，要潇洒一点。

关于第一点糊涂问题，我最近写过一篇短文《难得糊涂》。在这里，我把糊涂分为两种，一个叫真糊涂，一个叫假糊涂。普天之下，绝大多数的人，争名于朝，争利于市。尝到一点小甜头，便喜不自胜、手舞足蹈、心花怒放、忘乎所以。碰到一个小钉子，便忧思焚心、眉头紧皱、前途暗淡、哀叹不已。这种人滔滔者天下皆是也。他们是真糊涂，但并不自觉。他们是幸福的，愉快的。愿老天爷再向他们降福。

至于假糊涂或装糊涂，则以郑板桥的“难得糊涂”最为典型。郑板桥一流的人物是一点也不糊涂的。但是现实的情况又迫使他们非假糊涂或装糊涂不行。他们是痛苦的。我祈祷老天爷赐给他们一点真糊涂。

谈到潇洒一点的问题，首先必须对这个词儿进行一点解释。这个词儿圆融无碍，谁一看就懂，再一追问就糊涂。给这样一个词儿下定义，是超出我的能力的。还是查一下词典好。《现代汉语词典》的解释是：“（神情、举止、风貌等）自然大方，有韵致，不拘束。”看了这个解释，我吓了一跳。什么“神情”，什么“风貌”，又是什么“韵致”，全是些抽象的东西，让人无法把握。这怎么能同我平常理解和使用的“潇洒”挂上钩呢？我是主张模糊语言的，现在就让“潇洒”这个词儿模糊一下吧。我想到中国六朝时代一些当时名士的举动，特别是《世说新语》等书所记载的，比如刘伶的“死便埋我”，什么“雪夜访戴”，等等，应该算是“潇洒”吧。可我立刻又想到，这些名士，表面上潇洒，实际上心中如焚，时时刻刻担心自己的脑袋。有的还终于逃不过去，嵇康就是一个著名的例子。

写到这里，我的思维活动又逼迫我把“潇洒”，也像糊涂一样，分为两类：一真一假。六朝人的潇洒是装出来的，因而是假的。

这些事情已经“俱往矣”，不大容易了解清楚。我举一个现代的例子。上一个世纪30年代，我在清华读书的时候，一位教授（姑隐其名）总想充当一下名士，潇洒一番。冬天，他穿上锦缎棉袍，下面穿的是锦缎棉裤，用两条彩色丝带把棉裤紧紧地系在腿的下部。头上头发也故意不梳得油光发亮。他就这样飘飘然走进课堂，顾影自怜，大概十分满意。在学生们眼中，他这种矫揉造作的潇洒，却是丑态可掬，辜负了他一番苦心。

同这位教授唱对台戏的——当然不是有意的——是俞平伯先生。有一天，平伯先生把脑袋剃了个精光，高视阔步，昂然从城内的住处出来，走进了清华园。园内几千人中这是唯一的一个精光的脑袋，见者无不骇怪，指指点点、窃窃私议，而平伯先生则全然置之不理，照样登上讲台，高声朗诵宋代名词，摇头晃脑、怡然自得。朗诵完了，连声高呼：“好！好！就是好！”此外再没有别的话说。古人说：“是真名士自风流。”同那位教英文的教授一比，谁是真风流，谁是假风流；谁是真潇洒，谁是假潇洒，昭然呈现于光天化日之下。

这一个小例子，并没有什么深文奥义，只不过是想辨真伪而已。

为什么人们提倡糊涂一点，潇洒一点呢？我个人觉得，这能提高人们的和为贵的精神，大大地有利于安定团结。

写到这里，这一篇短文可以说是已经写完了。但是，我还想加上一点我个人的想法。

当前，我国举国上下，争分夺秒，奋发图强，巩固我们的政治，发展我们的经济，期能在预期的时间内建成名副其实的小康社会。哪里容得半点糊涂、半点潇洒！但是，我们中国人一向是按照辩证法的规律行动的。古人说："文武之道，一张一弛。"有张无弛不行，有弛无张也不行。张弛结合，斯乃正道。提倡糊涂一点，潇洒一点，正是为了达到这个目的。

2002年12月18日

一个老知识分子的心声

按我出生的环境，我本应该终生成为一个贫农。但是造化小儿却偏偏要播弄我，把我播弄成了一个知识分子。从小知识分子把我播弄成一个中年知识分子；又从中年知识分子把我播弄成一个老知识分子。现在我已经到了望九之年，耳虽不太聪，目虽不太明，但毕竟还是“难得糊涂”，仍然能写能读，焚膏继晷，兀兀穷年，仿佛有什么力量在背后鞭策着自己，欲罢不能。眼前有时闪出一个长队的影子，是北大教授按年龄顺序排成了的。我还没有站在最前面，前面还有将近二十来个人。这个长队缓慢地向前迈进，目的地是八宝山。时不时地有人“捷足先登”，登的不是泰山，而就是这八宝山。我暗暗下定决心：决不抢先加塞，我要鱼贯而进。什么时候鱼贯到我面前，我就要含笑挥手，向人间说一声“拜拜”了。

干知识分子这个行当是并不轻松的，在过去七八十年中，我尝够酸甜苦辣，经历够了喜怒哀乐。走过了阳关大道，也走过了独木小桥。有时候，光风霁月；有时候，阴霾蔽天。有时候，峰回路转；有时候，柳暗花明。金榜上也曾题过名，春风也曾得过意，说不高兴是假话。但是，一转瞬间，就交了华盖运，四处碰壁，五内如焚。原因何在呢？古人说：“人生识字忧患始。”这实在是见道之言。“识字”，当然就是知识分子了。一戴上这顶帽子，“忧患”就开始向你奔来。是不是杜甫的诗“儒冠多误身”？“儒”，当然就是知识分子了，一戴上儒冠就倒霉。我只举这两个小例子，就可以知道，中国古代的知识分子们早就对自己这一行腻味了。“诗必穷而后工”，连作诗都必须先“穷”。“穷”并不是一定指的是没有钱，主要指的也是倒霉。不倒霉就作不出好诗，没有切身经历和宏观观察，能说得出这样的话吗？司马迁《太史公自序》说：“昔西伯拘羑里，演《周易》；孔子厄陈蔡，作《春秋》；屈原放逐，著《离骚》；左丘失明，厥有《国语》；孙子膑脚，而论兵法；不韦迁蜀，世传《吕览》；韩非囚秦，《说难》《孤愤》；《诗》三百篇，大抵圣贤发愤之所为作也。”司马迁算了一笔清楚的账。

世界各国应该都有知识分子。但是，根据我七八十年的观察与思考，我觉得，既然同为知识分子，必有其共同之处。有知识，承担延续各自国家的文化的重任，至少这两点必然是共同的。但是不同之处却是多而突出。别的国家先不谈，我先谈一谈中国历代的知识分子，中国有五六千年或者更长的文化史，也就有五六千年的知识分子。我的总印象是：中国知识分子是一种很奇怪的群体，是造化小儿加心加意创造出来的一种“稀有动物”。虽然“十年浩劫”中，他们被批为“一心只读圣贤书”的“修正主义”分子。这实际上是冤枉的。这样的人不能说没有，但是，主流却正相反。几千年的历史可以证明，中国知识分子最关心时事，最关心政治，最爱国。这最后一点，是由中国历史环境所造成的。在中国历史上，没有哪一天没有虎视眈眈、伺机入侵的外敌。历史上许多赫然有名的皇帝，都曾受到外敌的欺侮。老百姓更不必说了。存在决定意识，反映到知识分子头脑中，就形成了根深蒂固的爱国心。“天下兴亡，匹夫有责”，不管这句话的原形是什么样子，反正它痛快淋漓地表达了中国知识分子的心声。在别的国家是没有这种情况的。

然而，中国知识分子也是极难对付的家伙。他们的感情特别细腻、锐敏、脆弱、隐晦。他们学富五车，胸罗万象。有的或有时自高自大，自以为“老子天下第一”；有的或有时却又患了弗洛伊德（?）讲的那一种“自卑情结”（inferiority complex）。他们一方面吹嘘想“究天人之际，通古今之变”，气魄贯长虹，浩气盈宇宙。有时却又为芝麻绿豆大的一点小事而长吁短叹，甚至轻生，“自绝于人民”。关键问题，依我看，就是中国特有的“国粹”——面子问题。“面子”这个词儿，外国文没法翻译，可见是中国独有的。俗话里许多话都与此有关，比如“丢脸”“真不要脸”“赏脸”，如此等等。“脸”者，面子也。中国知识分子是中国国粹“面子”的主要卫道士。

尽管极难对付，然而中国历代统治者哪一个也不得不来对付。古代一个皇帝说：“马上得天下，不能马上治之！”真是一针见血。创业的皇帝决不会是知识分子，只有像刘邦、朱元璋等这样一字不识的，不顾身家性命，“厚”而且“黑”的，胆子最大的地痞流氓才能成为开国的“英主”。否则，都是磕头的把兄弟，为什么单单推他当头儿？可是，一旦创业成功，坐上金銮宝殿，这时候就用得着知识分子来帮他们治理国家。不用说国家大事，连定朝仪这样的小事，刘邦还不得不求助于知识分子叔孙通。朝仪一定，朝廷井然有序，共同起义的那一群铁哥儿们，个个服服帖帖，跪拜如仪，让刘邦“龙心大悦”，真正尝到了当皇帝的滋味。

同面子表面上无关实则有关的另一个问题，是中国知识分子的处世问题，也就是隐居或出仕的问题。中国知识分子很多都标榜自己无意为官，而实则正相反。一个最有典型意义又众所周知的例子就是“大名垂宇宙”的诸葛亮。他高卧隆中，看来是在隐居，实则他最关心天下大事，他的“信息源”看来是非常多的。否则，在当时既无电话、电报，甚至连写信都十分困难的情况下，他怎么能对天下大势了如指掌，因而写出了有名的《隆中对》呢？他经世之心昭然在人耳目，然而却偏偏让刘先主三顾茅庐然后才出山“鞠躬尽瘁”。这不是面子又是什么呢？

我还想进一步谈一谈中国知识分子的一个非常古怪、很难以理解又似乎很容易理解的特点。中国古代知识分子贫穷落魄的多。有诗为证：“文章憎命达。”文章写得好，命运就不亨通；命运亨通的人，文章就写不好。那些靠文章中状元、当宰相的人，毕竟是极少数。而且中国文学史上根本就没有哪一个伟大文学家中过状元。《儒林外史》是专写知识分子的小说。吴敬梓真把穷苦潦倒的知识分子写活了。没有中举前的周进和范进等的形象，真是入木三分，至今还栩栩如生。中国历史上一批穷困的知识分子，贫无立锥之地，决不会有面团团的富家翁相。中国诗文和老百姓嘴中有很多形容贫而瘦的穷人的话，什么“瘦骨嶙峋”，什么“骨瘦如柴”，又是什么“瘦得皮包骨头”，等等，都与骨头有关。这一批人一无所有，最值钱的仅存的“财产”就是他们这一身瘦骨头。这是他们人生中最后的一点“赌注”，轻易不能押上的，押上一输，他们也就“涅槃”了。然而他们却偏偏喜欢拼命，喜欢拼这一身瘦老骨头。他们称这个为“骨气”。同“面子”一样，“骨气”这个词儿也是无法译成外文的，是中国的国粹。要举实际例子的话，那就可以举出很多来。《三国演义》中的祢衡，就是这样一个人，结果被曹操假手黄祖给砍掉了脑袋瓜。近代有一个章太炎，胸佩大勋章，赤足站在新华门外大骂袁世凯，袁世凯不敢动他一根毫毛，只好钦赠美名“章疯子”，聊以挽回自己的一点面子。

中国这些知识分子，脾气往往极大。他们又仗着“骨气”这个法宝，敢于直言不讳。一见不顺眼的事，就发为文章，呼天叫地，痛哭流涕，大呼什么“人心不古，世道日非”，又是什么“黄钟毁弃，瓦釜雷鸣”。这种例子，俯拾即是。他们根本不给当政的最高统治者留一点面子，有时候甚至让他们下不了台。须知面子是古代最高统治者皇帝们的命根子，是他们的统治和尊严的最高保障。因此，我就产生了一个大胆的“理论”：一部中国古代政治史至少其中一部分就是最高统治者皇帝和大小知识分子互相利用又互相斗争，互相对付和应付，又有大棒，又有胡萝卜，间或甚至有剥皮凌迟的历史。

在外国知识分子中，只有印度的同中国的有可比性。印度共有四大种姓，为首的是婆罗门。在印度古代，文化知识就掌握在他们手里，这个最高种姓实际上也是他们自封的。他们是地地道道的知识分子，在社会上受到普遍的尊敬。然而却有一件天大的怪事，实在出人意料。在社会上，特别是在印度古典戏剧中，少数婆罗门却受到极端的嘲弄和污蔑，被安排成剧中的丑角。在印度古典剧中，语言是有阶级性的。梵文只允许国王、帝师（当然都是婆罗门）和其他高级男士们说，妇女等低级人物只能说俗语。可是，每个剧中都必不可缺少的丑角也竟是婆罗门，他们插科打诨，出尽洋相，他们只准说俗语，不许说梵文。在其他方面也有很多嘲笑婆罗门的地方。这有点像中国古代嘲笑“腐儒”的做法。《儒林外史》中就不缺少嘲笑“腐儒”——也就是落魄的知识分子——的地方。鲁迅笔下的孔乙己也是这种人物。为什么中印同出现这个现象呢？这实在是一个有趣的研究课题。

我在上面写了我对中国历史上知识分子的看法。本文的主要目的就是写历史，连鉴往知今一类的想法我都没有。倘若有人要问：“现在怎样呢？”因为现在还没有变成历史，不在我写作范围之内，所以我不答复，如果有人愿意去推论，那是他们的事，与我无干。

最后我还想再郑重强调一下：中国知识分子有源远流长的爱国主义传统，是世界上哪一个国家也不能望其项背的。尽管眼下似乎有一点背离这个传统的倾向，例证就是苦心孤诣、千方百计地想出国，有的甚至归化为“老外”，永留不归。我自己对这个问题的看法是：这只能是暂时的现象，久则必变。就连留在外国的人，甚至归化了的人，他们依然是“身在曹营心在汉”，依然要寻根，依然爱自己的祖国。何况出去又回来的人渐渐多了起来呢？我们对这种人千万不要“另眼相看”，当然也大可不必“刮目相看”。只要我们国家的事情办好了，情况会大大地改变的。至于没有出国也不想出国的知识分子占绝对的多数。如果说他们对眼前的一切都很满意，那不是真话。但是爱国主义在他们心灵深处已经生了根，什么力量也拔不掉的。甚至泰山崩于前，迅雷震于顶，他们会依然热爱我们这伟大的祖国。这一点我完全可以保证。只举一个众所周知的例子，就足够了。如果不爱自己的祖国，巴老为什么以老迈龙钟之身，呕心沥血来写《随想录》呢？对广大的中国老、中、青知识分子来说，我想借用一句曾一度流行的，我似非懂又似懂得的话：爱国没商量。

我生平优点不多，但自谓爱国不敢后人，即使把我烧成了灰，每一粒灰也还是爱国的。可是我对于当知识分子这个行当却真有点谈虎色变。我从来不相信什么轮回转生。现在，如果让我信一回的话，我就恭肃虔诚祷祝造化小儿，下一辈子无论如何也别再播弄我，千万别再把我弄成知识分子。

1995 年 7 月 18 日

论恐惧

法国大散文家和思想家蒙田写过一篇散文《论恐惧》。他一开始就说："我并不像有人认为的那样是研究人类本性的学者，对于人为什么恐惧所知甚微。"我当然更不是一个研究人类本性的学者，虽然在高中时候读过心理学这样一门课，但其中是否讲到过恐惧，早已忘到爪哇国去了。

可我为什么现在又写《论恐惧》这样一篇文章呢？

理由并不太多，也谈不上堂皇。只不过是因为我常常思考这个问题，而今又受到了蒙田的启发而已。好像是蒙田给我出了这样一个题目。

根据我读书思考的结果，也根据我自己的经验，恐惧这一种心理活动和行动是异常复杂的，决不是三言两语所能说得清楚的。人们可以从很多角度上来探讨恐惧问题。我现在谈一下我自己从一个特定角度上来研究恐惧现象的想法，当然也只能极其概括，极其笼统地谈。

我认为，应当恐惧而恐惧者是正常的，应当恐惧而不恐惧者是英雄，我们平常所说的从容镇定，处变不惊，就是指的这个。不应当恐惧而恐惧者是孱头。不应当恐惧而不恐惧者也是正常的。

两个正常的现象用不着讲，我现在专讲二三两个不正常的现象。要举事例，那就不胜枚举。我索性专门从《晋书》里面举出两个事例，两个都与苻坚有关。《谢安传》中有一段话：

“玄等既破坚，有驿书至，安方对客围棋，看书既，竟便摄放床上，了无喜色，棋如故。客问之，徐答曰：‘小儿辈遂已破贼。’”苻坚大兵压境，作为大臣的谢安理当恐惧不安，然而却竟这样从容镇定，至今传颂不已。所以，我称之为英雄。

《晋书·苻坚传》有下面这几段话：“谢石等以既败梁成，水陆继进。坚与苻融登城而望王师，见部阵齐整，将士精锐，又北望山上草木皆类人形，顾谓融曰：‘此亦劲敌也，何谓少乎！’怃然有惧色。”下面又说：“坚大惭，顾谓其夫人张氏曰：‘朕若用朝臣之言，岂见今日之事耶！当何面目复临天下乎！’潸然流涕而去，闻风声鹤唳，皆谓晋师之至。”这活生生地画出了一个孱头。敌兵压境，应当振作起来，鼓励士兵，同仇敌忾，可是苻坚自己却先泄了气。这样的人不称为孱头，又称之为什么呢？结果留下了两句著名的话：风声鹤唳，草木皆兵，至今还活在人民的口中，也可以说是流什么千古了。

如果想从《论恐惧》这一篇短文里吸取什么教训的话，那就是明明白白地摆在眼前的。我们都要锻炼自己，对什么事情都不要惊慌失措，而要处变不惊。

2001年3月13日

论压力

《参考消息》今年7月3日以半版的篇幅介绍了外国学者关于压力的说法。我也正考虑这个问题，因缘和合，不免唠叨上几句。

什么叫“压力”？上述文章中说：“压力是精神与身体对内在与外在事件的生理与心理反应。”下面还列了几种特性，今略。我一向认为，定义这玩意儿，除在自然科学上可能确切外，在人文社会科学上则是办不到的。上述定义我看也就行了。

是不是每一个人都有压力呢？我认为，是的。我们常说，人生就是一场拼搏，没有压力，哪来的拼搏？佛家说，生、老、病、死、苦，苦也就是压力。过去的国王、皇帝，近代外国的独裁者，无法无天，为所欲为，看上去似乎一点压力都没有。然而他们却战战兢兢，时时如临大敌，担心边患，担心宫廷政变，担心被毒害被刺杀。他们是世界上最孤独的人，压力比任何人都大。大资本家钱太多了，担心股市升降，房地产价波动，等等。至于吾辈平民老百姓，“家家有一本难念的经”，这些都是压力，谁能躲得开呢？

压力是好事还是坏事？我认为是好事。从大处来看，现在全球环境污染，生态平衡破坏，臭氧层出洞，人口爆炸，新疾病丛生等等，人们感觉到了，这当然就是压力，然而压出来的却是增强忧患意识，增强防范措施，这难道不是天大的好事吗？对一般人来说，法律和其他一切合理的规章制度，都是压力。然而这些压力何等好啊！没有它，社会将会陷入混乱，人类将无法生存。这个道理极其简单明了，一说就懂。我举自己作一个例子。我不是一个没有名利思想的人——我怀疑真有这种人，过去由于一些我曾经说过的原因，表面上看起来，我似乎是淡泊名利，其实那多半是假象。但是，到了今天，我已至望九之年，名利对我已经没有什么用，用不着再争名于朝，争利于市，这方面的压力没有了。但是却来了另一方面的压力，主要来自电台采访和报刊以及友人约写文章。这对我形成颇大的压力。以写文章而论，有的我实在不愿意写；可是碍于面子，不得不应。应就是压力。于是"拨冗"苦思，往往能写出有点新意的文章。对我来说，这就是压力的好处。

压力如何排除呢？粗略来分类，压力来源可能有两类：一被动，一主动。天灾人祸，意外事件，属于被动，这种压力，无法预测，只有泰然处之，切不可杞人忧天。主动的来源于自身，自己能有所作为。我的"三不主义"的第三条是"不嘀咕"，我认为：能做到遇事不嘀咕，就能排除自己制造成的压力。

1998年7月8日

坏　人

积将近九十年的经验，我深知世界上确实是有坏人的。乍看上去，这个看法的智商只能达到小学一年级的水平。这就等于说“每个人都必须吃饭”那样既真实又平庸。

可是事实上我顿悟到这个真理，是经过了长时间的观察与思考的。

我从来就不是性善说的信徒，毋宁说我是倾向性恶说的。古书上说“天命之谓性”，“性”就是我们现常说的“本能”，而一切生物的本能是力求生存和发展，这难免引起生物之间的矛盾，性善又何从谈起呢？

那么，什么又叫做“坏人”呢，记得鲁迅曾说过，干损人利己的事还可以理解，损人又不利己的事千万干不得。我现在利用鲁迅的话来给坏人作一个界定：干损人利己的事是坏人，而干损人又不利己的事，则是坏人之尤者。

空口无凭，不妨略举两例。一个人搬到新房子里，照例大事装修，而装修的方式又极野蛮，结果把水管凿破，水往外流。住在楼下的人当然首蒙其害，水滴不止，连半壁墙都浸透了。然而此人却不闻不问，本单位派人来修，又拒绝入门。倘若墙壁倒塌，楼下的人当然会受害，他自己焉能安全！这是典型的损人又不利己的例子。又有一位“学者”，对某一种语言连字母都不认识，却偏冒充专家，不但在国内蒙混过关，在国外也招摇撞骗。有识之士皆嗤之以鼻。这又是一个典型的损人而不利己的例子。

根据我的观察，坏人，同一切有毒的动植物一样，是并不知道自己是坏人的，是毒物的。鲁迅翻译的《小约翰》里讲到一个有毒的蘑菇听人说它有毒，它说，这是人话。毒蘑菇和一切苍蝇、蚊子、臭虫等等，都不认为自己有毒。说它们有毒，它们大概也会认为这是人话。可是被群众公推为坏人的人，他们难道能说：说他们是坏人的都是人话吗？如果这是“人话”的话，那么他们自己又是什么呢？

根据我的观察，我还发现，坏人是不会改好的。这有点像形而上学了。但是，我却没有办法。天下哪里会有不变的事物呢？哪里会有不变的人呢？我观察的几个“坏人”偏偏不变。几十年前是这样，今天还是这样。我想给他们辩护都找不出词儿来。有时候，我简直怀疑，天地间是否有一种叫做“坏人基因”的东西？可惜没有一个生物学家或生理学家提出过这种理论。我自己既非生物学家，又非生理学家，只能凭空臆断。我但愿有一个坏人改变一下，改恶从善，堵住我的嘴。

1999年7月24日

谈怀旧观

《怀旧集》这个书名我曾经想用过，这就是现在已经出版了的《万泉集》。因为集中的文章怀念旧人者颇多。我记忆的丝缕又挂到了一些已经逝世的师友身上，感触极多。我因此想到了《昭明文选》中潘安仁的《怀旧赋》中的文句："霄展转而不寐，骤长叹以达晨；独郁结其谁语，聊缀思于斯文。"我把那一个集子定名为《怀旧集》。但是，原来应允出版的出版社提出了异议："怀旧"这个词儿太沉闷，太不响亮，会影响书的销路，劝我改一改。我那时候出书还不能像现在这样到处开绿灯。我出书心切，连忙巴结出版社，立即遵命改名，由《怀旧》改为《万泉》。然而出版社并不赏脸，最终还是把稿子退回，一甩了之。

这一段公案应该说是并不怎样愉快。好在我的《万泉集》换了一个出版社出版了，社会反应还并不坏。我慢慢地就把这一件事忘记了。

最近，出我意料之外，北大出版社的老友张文定先生一天忽然对我说："你最近写的几篇悼念或者怀念旧人的文章，情真意切，很能感动人，能否收集在一起，专门出一个集子？"他随便举了一个例子，就是悼念胡乔木同志的文章。他这个建议过去我没有敢想过，然而实获我心。我首先表示同意，立即又想到：《怀旧集》这个名字可以复活了，岂不大可喜哉！

怀旧是一种什么情绪，或感情，或心理状态呢？我还没有读到过古今中外任何学人给它下的定义。恐怕这个定义是非常难下的。根据我个人的想法，古往今来，天底下的万事万物，包括人和动植物，总在不停地变化着，总在前进着。既然前进，留在后面的人或物，或人生的一个阶段，就会变成旧的，怀念这样的人或物，或人生的一个阶段，就是怀旧。人类有一个缺点或优点，常常觉得过去的好，旧的好，古代好，觉得当时天比现在要明朗，太阳比现在要光辉，花草树木比现在要翠绿，总之，一切比现在都要好，于是就怀，就“发思古之幽情”，这就是怀旧。

但是，根据常识，也并不是一切旧人、旧物都值得怀。有的旧人，有的旧事，就并不值得去怀。有时一想到，简直就令人作呕，弃之不暇，哪里还能怀呢？也并不是每一次怀人或者怀事都能写成文章。感情过分地激动，过分悲哀，一想到，心里就会流血，到了此时，文章无论如何是写不出来的。这个道理并不难懂，每个人一想就会明白的。

同绝大多数的人一样，我是一个非常平常的人。人的七情六欲，我一应俱全。尽管我有不少的缺点，也做过一些错事；但是，我从来没有故意伤害别人；如有必要，我还伸出将伯之手。因此，不管我打算多么谦虚，我仍然把自己归入好人一类，我是一个“性情中人”。我对亲人，对朋友，怀有真挚的感情。这种感情看似平常，但实际上却非常不平常。我生平颇遇到一些人，对人毫无感情。我有时候难免有一些腹诽，我甚至想用一个听起来非常刺耳的词儿来形容这种人：没有“人味”。按说，既然是个人，就应当有“人味”。然而，我积八十年之经验，深知情况并非如此。“人味”，岂易言哉！岂易言哉！

怀旧就是有“人味”的一种表现，而有“人味”是有很高的报酬的：怀旧能净化人的灵魂。亲故老友逝去了，或者离开自己远了。但是，他们身上那一些优良的品质，离开自己越远，时间越久，越能闪出异样的光芒。它仿佛成为一面镜子，在照亮着自己，在砥砺着自己。怀这样的旧人，在惆怅中感到幸福，在苦涩中感到甜美。这不是很高的报酬吗？对逝去者的怀念，更能激发起我们“后死者”的责任感。先死者固然能让我们哀伤，后死者更值得同情，他们身上的心灵上的担子更沉重。死者已矣，他们不知不觉了。后死者却还活着，他们能知能觉。先死者的遗志要我们去实现，他们没有完成的工作要我们去做。即使有时候难免有点想懈怠一下，休息一下。但一想到先人的声音笑貌，立即会振奋起来。这样的怀旧，报酬难道还不够高吗？

古代希腊哲人说，悲剧能净化（katharsis）人们的灵魂。我看，怀旧也同样能净化人们的灵魂。这一种净化的形式，比悲剧更深刻，更深入灵魂。

这就是我的怀旧观。

我庆幸我能怀旧，我庆幸我的“人味”支持我怀旧，我庆幸我的《怀旧集》这个书名在含冤蒙尘十几年以后又得以重见天日，我乐而为之序。

1994年10月22日

本文为《怀旧集》自序

处世

季羡林

做人与处世

一个人活在世界上，必须处理好三个关系：第一，人与大自然的关系；第二，人与人的关系，包括家庭关系在内；第三，个人心中思想与感情矛盾与平衡的关系。这三个关系，如果能处理得好，生活就能愉快；否则，生活就有苦恼。

人本来也是属于大自然范畴的。但是，人自从变成了“万物之灵”以后，就同大自然闹起独立来，有时竟成了大自然的对立面。人类的衣食住行所有的资料都取自大自然，我们向大自然索取是不可避免的。关键是，怎样去索取？索取手段不出两途：一用和平手段，一用强制手段。我个人认为，东西文化之分野，就在这里。西方对待大自然的基本态度或指导思想是“征服自然”，用一句现成的套话来说，就是用处理敌我矛盾的方法来处理人与大自然的关系。结果呢，从表面上看上去，西方人是胜利了，大自然真的被他们征服了。自从西方产业革命以后，西方人屡创奇迹。楼上楼下，电灯电话。大至宇宙飞船，小至原子，无一不出自西方“征服者”之手。

然而，大自然的容忍是有限度的，它是能报复的，它是能惩罚的。报复或惩罚的结果，人皆见之，比如环境污染、生态失衡、臭氧层出洞、物种灭绝、人口爆炸、淡水资源匮乏、新疾病产生，如此等等，不一而足。这些弊端中哪一项不解决都能影响人类生存的前途。我并非危言耸听，现在全世界人民和政府都高呼环保，并采取措施。古人说：“失之东隅，收之桑榆。”犹未为晚。

中国或者东方对待大自然的态度或哲学基础是“天人合一”。宋人张载说得最简明扼要：“民，吾同胞；物，吾与也。”“与”的意思是伙伴。我们把大自然看作伙伴，可惜我们的行为没能跟上。在某种程度上，也采取了“征服自然”的办法，结果也受到了大自然的报复。前不久南北的大洪水不是很能发人深省吗？

至于人与人的关系，我的想法是：对待一切善良的人，不管是家属，还是朋友，都应该有一个两字箴言：一曰真，二曰忍。真者，以真情实意相待，不允许弄虚作假。对待坏人，则另当别论。忍者，相互容忍也。日子久了，难免有点磕磕碰碰。在这时候，头脑清醒的一方应该能够容忍。如果双方都不冷静，必致因小失大，后果不堪设想。唐朝张公艺的“百忍”是历史上有名的例子。

至于个人心中思想感情的矛盾，则多半起于私心杂念。解之之方，唯有消灭私心，学习诸葛亮的“淡泊以明志，宁静以致远”，庶几近之。

1998年11月17日

牵就与适应

牵就，也作“迁就”。“牵就”和“适应”，是我们说话和行文时常用的两个词儿，含义颇有些类似之处；但是，一仔细琢磨，二者间实有差别，而且是原则性的差别。

根据词典的解释，《现代汉语词典》注“牵就”为“迁就”和“牵强附会”。注“迁就”为“将就别人”，举的例是：“坚持原则，不能迁就。”注“将就”为“勉强适应不很满意的事物或环境”。举的例是“衣服稍微小一点，你将就着穿吧！”注“适应”为“适合（客观条件或需要）”。举的例子是“适应环境”。“迁就”这个词儿，古书上也有，《辞源》注为“舍此取彼，委曲求合”。

我说，二者含义有类似之处，《现代汉语词典》注“将就”一词时就使用了“适应”一词。

词典的解释，虽然头绪颇有点乱，但是，归纳起来，“牵就（迁就）”和“适应”这两个词儿的含义还是清楚的。“牵就”的宾语往往是不很令人愉快、令人满意的事情。在平常的情况下，这种事情本来是不能或者不想去做的。极而言之，有些事情甚至是违反原则的，违反做人的道德的，当然完全是不能去做的。但是，迫于自己无法掌握的形势，或者出于利己的私心，或者由于其他的什么原因，非做不行，有时候甚至昧着自己的良心，自己也会感到痛苦的。

根据我个人的语感，我觉得，“牵就”的根本含义就是这样，词典上并没有说清楚。

但是，又是根据我个人的语感，我觉得，“适应”同“牵就”是不相同的。我们每一个人都会经常使用“适应”这个词儿的。不过在大多数的情况下，我们都是习而不察。我手边有一本沈从文先生的《花花朵朵 坛坛罐罐》，汪曾祺先生的《代序：沈从文转业之谜》中有一段话说：“一切终得变，沈先生是竭力想适应这种‘变’的。”这种“变”，指的是解放。沈先生写信给人说：“对于过去种种，得决心放弃，从新起始来学习。这个新的起始，并不一定即能配合当前需要，惟必能把握住一个进步原则来肯定，来完成，来促进。”沈从文先生这个“适应”，是以“进步原则”来适应新社会的。这个“适应”是困难的，但是正确的。我们很多人在解放初期都有类似的经验。

再拿来同“牵就”一比较，两个词儿的不同之处立即可见。“适应”的宾语，同“牵就”不一样，它是好的事物，进步的事物；即使开始时有点困难，也必能心悦诚服地予以克服。在我们的一生中，我们会经常不断地遇到必须“适应”的事务，“适应”成功，我们就有了“进步”。

简截说：我们须“适应”，但不能“牵就”。

1998 年 2 月 4 日

傻 瓜

天下有没有傻瓜？有的，但却不是被别人称作“傻瓜”的人，而是认为别人是傻瓜的人，这样的人自己才是天下最大的傻瓜。

我先把我的结论提到前面明确地摆出来，然后再条分缕析地加以论证。这有点违反胡适之先生的“科学方法”。他认为，这样做是西方古希腊亚里士多德首倡的演绎法，是不科学的。科学的做法是他和他老师杜威的归纳法，先不立公理或者结论，而是根据事实，用“小心的求证”的办法，去搜求证据，然后才提出结论。

我在这里实际上并没有违反“归纳法”。我是经过了几十年的观察与体会，阅尽了芸芸众生的种种相，去粗取精，去伪存真以后，才提出了这样的结论。为了凸现它的重要性，所以提到前面来说。

闲言少叙，书归正传。有一些人往往以为自己最聪明，他们争名于朝，争利于市，锱铢必较，斤两必争。如果用正面手段，表面上的手段达不到目的的话，则也会用些负面的手段，暗藏的手段，来蒙骗别人，以达到损人利己的目的。结果怎样呢？结果是：有的人真能暂时得逞，“春风得意马蹄疾，一日看遍长安花”。大大地辉煌了一阵，然后被人识破，由座上客一变而为阶下囚。有的人当时就能丢人现眼。《红楼梦》中有两句话说：“机关算尽太聪明，反误了卿卿性命。”这话真说得又生动，又真实。我决不是说，世界上人人都是这样子，但是，从中国到外国，从古代到现代，这样的例子还算少吗？

原因何在？原因就在于：这些人都把别人当成了傻瓜。

我们中国有几句尽人皆知的俗话："善有善报，恶有恶报；不是不报，时候未到；时候一到，一切皆报。"这真是见道之言。把别人当傻瓜的人，归根结底，会自食其果。古代的统治者对这个道理似懂非懂。他们高叫："民可使由之，不可使知之。"是想把老百姓当傻瓜，但又很不放心，于是派人到民间去采风，采来了不少政治讽刺歌谣。杨震是聪明人，对向他行贿者讲出了"四知"。他知道得很清楚：除了天知、地知、你知、我知之外，不久就会有一个第五知：人知。他是不把别人当作傻瓜的，还是老百姓最聪明。他们中的聪明人说："若要人不知，除非己莫为。"他们不把别人当傻瓜。

可惜把别人当傻瓜的现象，自古亦然，于今犹烈。救之之道只有一条：不自作聪明，不把别人当傻瓜，从而自己也就不是傻瓜。哪一个时代，哪一个社会，只要能做到这一步，全社会就都是聪明人，没有傻瓜，全社会也就会安定团结。

1997 年 3 月 11 日

三思而行

“三思而行”，是我们现在常说的一句话。主要劝人做事不要鲁莽，要仔细考虑，然后行动，则成功的可能性会大一些，碰壁的可能性会小一些。

要数典而不忘祖，也并不难。这个典故就出在《论语·公冶长第五》：“季文子三思而后行。子闻之曰：‘再，斯可矣。’”这说明，孔老夫子是持反对意见的。吾家老祖宗文子（季孙行父）的三思而后行的举动，二千六七百年以来，历代都得到了几乎全天下人的赞扬，包括许多大学者在内。查一查《十三经注疏》，就能一目了然。《论语正义》说：“三思者，言思之多，能审慎也。”许多书上还表扬了季文子，说他是“忠而有贤行者”。甚至有人认为三思还不够。《三国志·吴志·诸葛恪传注》中说：有人劝恪“每事必十思”。可是我们的孔圣人却冒天下之大不韪，批评了季文子三思过多，只思二次（再）就够了。

这怎么解释呢？究竟谁是谁非呢？

我们必须先弄明白，什么叫“三思”。总起来说，对此有两个解释，一个是“言思之多”，这在上面已经引过。一个是“君子之谋也，始衷（中）终皆举之而后入焉”。这话虽为文子自己所说，然而孔子以及上万上亿的众人却不这样理解。他们理解，一直到今天，仍然是“多思”。

多思有什么坏处呢？又有什么好处呢？根据我个人几十年来的体会，除了下围棋、象棋等等以外，多思有时候能使人昏昏，容易误事。平常骂人说是“不肖子孙”，意思是与先人的行动不一样的人。我是季文子的最“肖”子孙。我平常做事不但三思，而且超过三思，是否达到了人们要求诸葛恪做的“十思”，没作统计，不敢乱说。反正是思过来，思过去，越思越糊涂，终而至头昏昏然，而仍不见行动，不敢行动。我这样一个过于细心的人，有时会误大事的。我觉得，碰到一件事，决不能不思而行，鲁莽行动。记得当年在德国时，法西斯统治正如火如荼，一些盲目崇拜希特勒的人，常常使用一个词儿Darauf-galngertum，意思是“说干就干，不必思考”。这是法西斯的做法，我们必须坚决扬弃。遇事必须深思熟虑，先考虑可行性，考虑的方面越广越好。然后再考虑不可行性，也是考虑的方面越广越好。正反两面仔细考虑完以后，就必须加以比较，作出决定，立即行动。如果你考虑正面，又考虑反面之后，再回头来考虑正面，又再考虑反面，那么，如此循环往复，终无宁日，最终成为考虑的巨人，行动的侏儒。

所以，我赞成孔子的“再，斯可矣”。

1997 年 5 月 11 日

论朋友

人类是社会动物，一个人在社会中不可能没有朋友。任何人的一生都是一场搏斗。在这一场搏斗中，如果没有朋友，则形单影只，鲜有不失败者。如果有了朋友，则众志成城，鲜有不胜利者。

因此，在人类几千年的历史上，任何国家，任何社会，没有不重视交友之道的，而中国尤甚。在宗法伦理色彩极强的中国社会中，朋友被尊为五伦之一，曰“朋友有信”。我又记得什么书中说：“朋友，以义合者也。”“信”“义”含义大概有相通之处。后世多以“义”字来要求朋友关系，比如《三国演义》“桃园三结义”之类就是。

《说文》对“朋”字的解释是：“凤飞，群鸟从以万数，故以为朋党字。”“凤”和“朋”大概只有轻唇音重唇音之别。对“友”的解释是“同志为友”。意思非常清楚。中国古代，肯定也有“朋友”二字连用的，比如《孟子》。《论语》“有朋自远方来，不亦说乎”却只用一个“朋”字。不知从什么时候起，“朋友”才经常连用起来。

在中国几千年的历史上，重视友谊的故事不可胜数。最著名的是管鲍之交，钟子期和伯牙的知音的故事等等，刘、关、张三结义更是有口皆碑。一直到今天，我们还讲究“哥儿们义气”，发展到最高程度，就是“为朋友两肋插刀”。只要不是结党营私，我们是非常重视交朋友的。我们认为，中国古代把朋友归入五伦是有道理的。

我们现在看一看欧洲人对友谊的看法。欧洲典籍数量虽然远远比不上中国，但是，称之为汗牛充栋也是当之无愧的。我没有能力来旁征博引，只能根据我比较熟悉的一部书来引证一些材料，这就是法国著名的《蒙田随笔》。

《蒙田随笔》上卷，第二十八章，是一篇叫做《论友谊》的随笔。其中有几句话：

> 我们喜欢交友胜过其他一切，这可能是我们本性所使然。亚里士多德说，好的立法者对友谊比对公正更关心。

寥寥几句，充分说明西方对友谊之重视。蒙田接着说：

> 自古就有四种友谊：血缘的、社交的、待客的和男女情爱的。

这使我立即想到，中西对友谊含义的理解是不相同的。根据中国的标准，“血缘的”不属于友谊，而属于亲情。“男女情爱的”也不属于友谊，而属于爱情。对此，蒙田有长篇累牍的解释，我无法一一征引。我只举他对爱情的几句话：

> 爱情一旦进入友谊阶段，也就是说，进入意愿相投的阶段，它就会衰落和消逝。爱情是以身体的快感为目的，一旦享有了，就不复存在。相反，友谊越被人向

往，就越被人享有，友谊只是在获得以后才会升华、增长和发展，因为它是精神上的，心灵会随之净化。

这一段话，很值得我们仔细推敲、品味。

1999 年 10 月 26 日

爽朗的笑声

据说，只有人是会笑的。我活在这个大地上几十年中，曾经笑过无数次，也曾看到别人笑过无数次。我从来没有琢磨过人会不会笑的问题，就好像太阳从东方出来，人们天天必须吃饭这样一些极其自然的、明明白白的、尽人皆知的、用不着去探讨的现象一样，无须再动脑筋去关心了。

然而，人是能够失掉笑的。

就连人能够失掉笑这个事实我以前也没有探讨过，不是用不着去探讨，而是没有想到去探讨，没有发现有探讨的必要；因为我从来还没有遇到过失掉了笑的人，没有想到过会有失掉了笑的人，好像没有遇到过鬼或者阴司地狱，没有想到过有鬼或者有阴司地狱那样。

人又怎能失掉笑呢？

我认识一位参加革命几十年的老干部。虽然他资格老，然而从来不摆老资格，不摆架子。我一向对老干部怀着说不出的、极其深厚的、出自内心的感情与敬佩。他们好像是我的一面镜子，可以照见自己的不足，激励自己前进。因此，我就很愿意接近他，愿意对他谈谈自己的思想。当然并不限于这些。我们有时简直是海阔天空，上下古今，文学艺术，哲学宗教，无所不谈。他给我留下了非常深刻的印象，特别是在闲谈时他的笑声更使我永生难忘。这不是会心的微笑，而是出自肺腑的爽朗的笑声。这笑声悠扬而清脆，温和而热情；它好像有极大的感染力，一听到它，顿觉满室生春，连一桌一椅都仿佛充满了生气，一花一草都仿佛洋溢出活力。有时候我甚至觉得这笑声冲破了高楼大厦，冲出了窗户和门，到处飘流回荡，响彻了整个燕园。

想当初当我听到这笑声的时候，我并没有觉得它怎样难能可贵，怎样不可缺少，就同日光空气一样，抬眼就可以看到，张嘴就可以吸入。又像春天的和风，秋日的细雨；只要有春天，有秋天，自然而然地就可以得到。中国古诗说："司空见惯浑闲事"，我一下子变成了古时候的司空了。

然而好景不长，天空里突然堆起了乌云，跟着来的是一场暴风骤雨。这一场暴风骤雨真是来得迅猛异常。不但我们自己没有经受过，而且也没有听说别人曾经经受过。我们都仿佛当头挨了一棒，直打得天旋地转，昏头昏脑。有一个时期，我们都失去了行动的自由，在一个阴森可怕的恐怕要超过"白公馆"和"渣滓洞"的地方住了一些时候。以后虽然恢复了自由，然而每个人的脑袋上还都戴着一大堆莫须有的帽子，天天过着如临深渊如履薄冰的日子，谨小慎微，瞻前顾后，唯恐言行有什么"越轨"之处，随时提防意外飞来的横祸。我们的处境真比旧社会的童养媳还要困难。我们每个人脑海里都有成百个问号，成千个疑团；然而问天天不语，问地地不应。我们只有沉默寡言，成为不折不扣的行尸走肉了。

在这期间，我也曾几次遇到过他，都是在路上。我看到他从远处走了过来，垂目低头，步履蹒跚。以前我看惯了的他那种矫健的步伐，轻捷的行姿，已经消逝得无影无踪了。我有时候下意识地迎上前去，好像是要做点什么；但是快到跟前的时候，最多也不过彼此相顾一下，立刻又低下了头，别转开脸，

“我们每个人脑海里都有成百个问号，成千个疑团；然而问天天不语，问地地不应。我们只有沉默寡言，成为不折不扣的行尸走肉了。”

我们已经到了彼此不敢讲话，不能讲话的地步了。至于在这样的时刻他是怎样想的，我说不清楚。我心里只觉得一阵凄凉，眼泪立刻夺眶而出了。

有一次，我在校医院门前遇到了他。这一回不是孤身一人，而是有一个年老的妇女扶着他。他的身体似乎更不行了，路好像都走不全，腿好像都迈不开，脚好像都抬不起，颤巍巍地好不容易地向前挪动，费了好大劲才挪进了医院的大门，看样子是患了病。我一时冲动，很想鼓足了勇气走上前去探问一声。然而我不敢。那暴风骤雨的情景猛孤丁地展现在我眼前，我那一点剩勇好像是微弱的爝火，经雨一打，立刻就熄灭了。我不敢保证，如果再有一次那样的暴风骤雨，是否我还能经受得住。我硬是压下了我那向前去探问的冲动，只是站在远处注视着他。我是多么关心他的身体啊！然而我无能为力，我只能站在一旁看。幸好他并没有注意到我，否则也会引起他内心的激动，这样的激动对他的身体肯定是没有好处的。我全神贯注地注视着他，看他走进了校医院的玻璃门，他的身影在里面直晃动，在挂号处停留了一会儿，又被搀扶到走廊里去，身影于是完全消逝，大概是到哪一个屋子门口去等候大夫呼唤了。

当时我虽然注视了他很久很久，但是在开头时并没有发现有什么特异的情况，对他的身体的关心占住了我整个的注意力。等到他的身影消逝以后，我猛然发现，他脸上一点笑容都没有，他成了一个不会笑的人，他已经把笑失掉，当然更不用说那爽朗的笑声了。我心里猛烈地一震，我自己的这一个平凡又伟大的发现使我吃惊。我从前只知道笑是人的本能；现在我又知道，人是连本能也会失掉的。我活了六十多年才发现了这样一个真理；然而这是一个多么残酷多么令人不寒而栗的真理啊！

我自己怎样呢？他在这里又在另外一种意义上成了我的一面镜子。拿这面镜子一照：我同他原来是一模一样，我脸上也是一点笑容都没有，我也成了一个不会笑的人，我也把笑失掉了。如果自己不拿这面镜子来照一照，这情况我是不会知道的。因为没有一个人会告诉我，没有一个人敢告诉我。像我这样的人，当时是没有几个人肯同我说话的。如果有大胆的人敢同我说上几句话，我反而感到不自然，感到受宠若惊。不时飞来的轻蔑的一瞥，意外遇到的大声的申斥，我倒安之若素，倒觉得很自然。我当时就像白天的猫头鹰，只要能避开人，我一定避开；只要有小路，我决不走大路；只要有房后的野径，我连小路也不走。只要有熟人迎面走来，我远远地就垂下了头。我只恨地上没有洞；如果有的话，我一定会钻了进去，最好一辈子也不出来。在这样的情况下，一个人能笑得起来吗？让他把笑保留住不失掉能办得到吗？我也只能同那一位老干部一样变成了一个不会笑的人了。

通过那几年的切身经历，我深深地感觉到，一个人如果失掉了笑，那就意味着，他同时也已经失掉了希望，失掉了生趣，失掉了一切。他活在世界上，在别人眼中，在他自己眼中，实际上成了一个多余的人，他只不过是行尸走肉，苟延残喘而已。什么清风，什么明月，什么春花，什么秋实，在别人眼中，当然都是非常可爱的；然而在他眼中，却什么快感也引不起来。他在这世界上如浮云，如幻影；世界对他也如浮云，如幻影。他自己就像一个幽灵，踽踽独行于遮天盖地的辽阔的寂寞中。他成了一个路人，一个“过客”，在默默地等候大限的来临。

真理毕竟要胜利，乌云决不会永在。经过了一番风雨，燕园里又出现了阳光，全中国也出现了阳光。记得是在一个座谈会上，我同这一位革命老前辈又见面了。他头发又白了很多，脸上皱纹也增添了不少，走路显得异常困难，说话声音很低。才几年的工夫，他好像老了二十年。我的心情很沉重；但是同时又很愉快。我发现他脸上又有了笑容，他又把笑找回来了。在谈到兴会淋漓的时候，他大笑起来，虽然声音较低，但毕竟是爽朗的笑声。这样的笑声我已经很久很久没有听到了。乍听之下，有如钧天妙乐，滋润着我的心灵，温暖着我的耳朵，怡悦着我的眼睛，激动着我的四肢。我觉得，这爽朗的笑声，就像骀荡的春风一样，又仿佛吹遍了整个燕园，响彻了整个燕园。我仿佛还听到它响彻了高山、密林、通都、大邑、工厂、农村、机关、学校，响彻了整个祖国大地，而且看样子还要永远响下去。

我现在不但在这位革命老前辈的脸上看到了已经失掉而又找回来的笑，而且在很多人的脸上都看到了笑容；老年人、中年人、青年人、妇女、儿童，无一例外。把笑失掉，是不容易的；把笑重新找回来，就更困难。我相信，一个在沧海中失掉了笑的人，决不能做任何的事情。我也相信，一个曾经沧海又把笑找回来的人，却能胜任任何的艰巨。一个很多人失掉了笑而只有一小撮人能笑的民族，决不能长久立于世界民族之林。只有能笑、会笑、敢笑、重新找回了笑的民族，才能创建宏伟的事业，才能在短期内实现四个现代化，才能阔步前进，建成社会主义，最终达到人类大同之域。

发现只有人是会笑的，是科学家。发现人也是能失掉笑的，是曾经沧海的人。两者都是伟大的发现。曾经沧海的人发现了这个真理，决不会垂头丧气，而是加倍地精神抖擞。我认识的那一位革命老前辈，在这里又成了我的一面镜子。我们都要感激那个沧海，它在另一方面教育了我们。我从小就喜欢读苏东坡的词句：“人有悲欢离合，月有阴晴圆缺，此事古难全。但愿人长久，千里共婵娟。”我想改一下最后两句：“但愿人长笑，千里共婵娟。”我愿意永远永远听到那爽朗的笑声。

1979 年 1 月 31 日

邻　人

古书上说："德不孤，必有邻。"我不知道我是不是有德，但邻人我却是有了，而且很多。因为我现在住在一座外面看上去似乎像工厂的大楼上，上下左右都住着人，也就可以说都是我的邻人。

古时候有德的人的邻人怎样，我不敢说，也很难想象出来。但他们绝对不会像我现在这些邻人这样精深博大，这是我可以断言而引以自傲的。我现在的邻人几乎每个人都是专家。说到中国戏剧，就有谭派正宗，程派嫡传，还有异军突起自创的新腔。说到西洋剧和西洋音乐，花样就更多。有男高音专家，男低音专家，男不高不低音的专家。在这里，人长了嘴仿佛就是为了唱似的。每当晚饭初罢的时候，左面屋子里先涌出一段二簧摇板来。别的屋子当然也不会甘居人后，立刻挤出几支洋歌，其声呜呜然，仿佛是冬夜深山里的狼嗥。我虽然无缘瞻仰歌者的尊容，但我的眼却仿佛能透过墙壁看到他脸上的青筋在鼓胀起来，脖子拼命向上伸长。余音在长长的走廊里回荡，我们这房子可惜看不到梁，不然这余音绕在上面怕是永远再不消逝了。岂能只绕三天呢！古时候圣人在齐闻韶，三月不知肉味。我听了这样好的歌声，吃到肚子里去的肉只是想再吐出来。自己发狠也没办法。以前我也羡慕过圣人，现在我才知道，圣人毕竟是不可及的了。

但这才只是一个开端。不久就来了乐声。不一定从哪间屋子里先飘出一阵似乎是无线电的声音，有几间别的屋子立刻就响应。一转耳间已经是八音齐奏，律吕调畅，真正是洋洋乎盈耳哉。但却苦了我这不懂音乐的人。有时候电忽然停了，论理我应该不高兴。但现在我却从心里喜悦，以为最少这无线电收音机可工作不成了。但我失了望。不久就又是一片乐声从烛光摇曳的屋子里洋溢出来，在黑暗的走廊里回旋。我的高邻们原来又开了留声机。他们一点都不自私，毫不吝啬地把他们的快乐分给我一份，声音之高，震动全楼。他们废寝忘餐地一直玩到深夜，我也只好躺在枕上陪他们，瞪大了眼睛望着黑暗。

他们不但在这方面表现出一点都不自私，在别的方面他们也表现出他们的大度。他们仿佛一点秘密都不想保守。说话的时候，对方当然要听到，这是不成问题的。但他们还恐怕别人听不到，尽量提高了喉咙。有时候隔了几间屋还可以听得清清楚楚。倘若他们在走廊里说话，我的屋里就仿佛装了扩音器，我自己也仿佛在听名人演讲。当他们说话中再加上笑声的时候，那声势就更大。勉强打个譬喻，只有八月中秋的钱塘怒潮可以比得来。真足以振懦起弱，回肠荡气。我们这座楼据说已经有了点年纪，我真担心它会受不住这巨声的震荡蓦地倒下去。

当他们离开自己的屋子或者回自己屋子来的时候，他们也没有秘密，而且是唯恐别人不知道。他们关门的声音和底上钉了铁块的大皮鞋的声音就是用以昭告全楼，说是他们要出去或者回来了。在我的故乡，倘若一个人鬼鬼祟祟的放轻了脚步走到人家窗下去偷听人家的私话，我们就说这个人是踏鸡毛鞋。意思是说他的鞋底是用鸡毛做成的，所以走起路来没有声音。我们的高邻却绝对不踏鸡毛鞋，他们的鞋底是铁做成的。有时候我在屋里静静地看一点书，蓦地听到一阵铁与木头相击的声音，我心里已经知道是我的邻人来了。但我还没来得及再想，轰的一声，我的屋子，当然我也在内，立刻一阵震动，桌上玻璃杯里的水也立刻晃动起来，在电灯光下，起了成圈的水纹，伸张，扩散，幻成一条条的金光。我在大惊之余，脑海里糊涂了一阵。再仔细一想才知道是我的邻人在关门。

这一惊还没有定，头顶上又是轰的一声，仿佛中了一个炸弹。我的神经立刻紧张起来，我忘记我现在是在北平，我又仿佛回到两年前去，在德国一个小城的防空洞里，天空里盘旋着几百架英国飞机，就在不远的地方，响着一声声的炸弹。每一个炸弹一响，我就震得跳起来。每一霎那都在等着一个炸弹在自己头上一响，自己也就像做一个恶梦似的消逝了。自己当时虽然没有真的消逝，但现在却像一个被火烧过的小孩，见了一星星的光，身上也就不自主地战栗起来。但是我的头顶上还没有完。一声轰以后，立刻就听到桌子的腿被拖着在地板上走，地板偏又抵抗，于是发出了令人听了非常不愉快的声音。不久，椅子也被拖着走了，书架也被拖着走了，这一切声音合成一个大交响乐。住在下面的我就只好义务地来听。而且隔上不久，总要重演一次，使我在左右夹攻之中还要注意到更重要的防空。

这种生活确不单调，确不寂寞，也许有不少的人喜欢它。但我却真有点受不了。在篇首我引了两句古书："德不孤，必有邻。"那么倘若一个人孤而无邻的话，那他就一定是不德了。韩文公说："足乎已无待于外之谓德。"谁都知道德是好东西，我也知道。但倘若现在让我拣选的话，我宁取不德。（红楼小品之一）

1947年2月5日

谈礼貌

眼下，即使不是百分之百的人，也是绝大多数的人，都抱怨现在社会上不讲礼貌。这完全有事实做根据的。前许多年，当时我腿脚尚称灵便，出门乘公共汽车的时候多，几乎每一次我都看到在车上吵架的人，甚至动武的人，起因都是微不足道的：你碰了我一下，我踩了你的脚，如此等等。试想，在拥拥挤挤的公共汽车上，谁能不碰谁呢？这样的事情也值得大动干戈吗？

曾经有一段时间，有关的机关号召大家学习几句话："谢谢！""对不起！"等等，就是针对上述的情况而发的。其用心良苦，然而我心里却觉得不是滋味。一个有五千年文明的堂堂大国竟要学习幼儿园孩子们学说的话，岂不大可哀哉！

有人把不讲礼貌的行为归咎于新人类或新新人类。我并无资格成为新人类的同党，我已经是属于博物馆的人物了。但是，我却要为他们打抱不平。在他们诞生以前，有人早著了先鞭。不过，话又要说回来。新人类或新新人类确实在不讲礼貌方面有所创造，有所前进，他们发扬光大这种并不美妙的传统，他们（往往是一双男女）在光天化日之下，车水马龙之中，拥抱接吻，旁若无人，洋洋自得，连在这方面比较不拘细节的老外看了都目瞪口呆，惊诧不已。古人说："闺房之内，有甚于画眉者。"这是两口子的私事，谁也管不着。但这是在闺房之内的事，现在竟几乎要搬到大街上来，虽然还没有到"甚于画眉”的水平，可是已经很可观了。新人类还要新到什么程度呢？

如果一个人孤身住在深山老林中，你愿意怎样都行。可我们是处在社会中，这就要讲究点人际关系。人必自爱而后人爱之。没有礼貌是目中无人的一种表现，是自私自利的一种表现，如果这样的人多了，必然产生与社会不协调的后果。千万不要认为这是个人小事而掉以轻心。

现在国际交往日益频繁，不讲礼貌的恶习所产生的恶劣影响，已经不局限于国内，而是会流布全世界。前几年，我看到过一个什么电视片，是由一个意大利著名摄影家拍摄的，主题是介绍北京情况的。北京的名胜古迹当然都包罗无遗，但是，我的眼前忽然一亮：一个光着膀子的胖大汉骑自行车双手撒把，作打太极拳状，飞驰在天安门前宽广的大马路上，给人的形象是野蛮无礼。这样的形象并不多见，然而却没有逃过一个老外的眼光。我相信，这个电视片是会在全世界都放映的。它在外国人心目中会产生什么影响，不是一清二楚了吗？

最后，我想当一个文抄公，抄一段香港《大公报》上的话：“富者有礼高贵，贫者有礼免辱，父子有礼慈孝，兄弟有礼和睦，夫妻有礼情长，朋友有礼义笃，社会有礼祥和。”

2001年1月29日

谈尊师重道

《礼记·学记》说："凡学之道，严师为难。师严，然后道尊；道尊，然后民知敬学。"郑玄注："严，尊敬也。尊师重道焉。"从那以后，"尊师重道"这句话，就广泛流行于神州大地。这也确实反映了中华民族优秀文化的一个方面，不只是停留在字面上。

先师陈寅恪先生在《王观堂先生挽词·序》中说："吾中国文化之定义，具于《白虎通》三纲、六纪说，其意义为抽象理想最高之境，犹希腊柏拉图所谓 idea 者。""六纪"中之一纪即为师长。可见尊师也属于抽象理想最高之境，是中华民族优秀文化传统的一个组成部分。决不可等闲视之。

我并不是说，西方国家不尊重师长。然而同中国比较起来，犹如小巫见大巫，迥乎不侔矣。因此，谁要是想找一个尊师重道的大国，他必须到中国来。

尊师重道的传统，在中国流传了几千年。到了"十年空前浩劫"期间，遭到了毁灭性的破坏。拨乱反正以后，虽有所恢复，然而已非昔比了。好学深思之士，关心我国文化教育发展的前途，惄然忧之。

现在，童宗盛先生编选了这一部《最可敬的人——中国大学校长忆恩师》。这虽然只能说是尊师重道的一个方面，然而其意义是决不能低估的。如果我说，童宗盛先生是颇有一点"挽狂澜于既倒"的劲头的，这恐怕决非过誉吧。我相信，全国有识之士，承认尊师重道的必要性的人，关心中华文化教育发展的人，志在弘扬中华优秀文化的人，会欢迎这一部书的。因此，我怀着愉快而又渴望的心情，写了这一篇短序。

1993 年 6 月 30 日

本文为《最可敬的人——中国大学校长忆恩师》序

容　忍

人处在家庭和社会中，有时候恐怕需要讲点容忍的。

唐朝有一个姓张的大官，家庭和睦，美名远扬，一直传到了皇帝的耳中。皇帝赞美他治家有道，问他道在何处，他一气写了一百个“忍”字。这说得非常清楚：家庭中要互相容忍，才能和睦。这个故事非常有名。在旧社会，新年贴春联，只要门楣上写着“百忍家声”就知道这一家一定姓张。中国姓张的全以祖先的容忍为荣了。

但是容忍也并不容易。1935 年，我乘西伯利亚铁路的车经苏联赴德国，车过中苏边界上的满洲里，停车四小时，由苏联海关检查行李。这是无可厚非的，入国必须检查，这是世界公例。但是，当时的苏联大概认为，我们这一帮人，从一个资本主义国家到另一个资本主义国家，恐怕没有好人，必须严查，以防万一。检查其他行李，我决无意见。但是，在哈尔滨买的一把最粗糙的铁皮壶，却成了被检查的首要对象。这里敲敲，那里敲敲，薄薄的一层铁皮决藏不下一颗炸弹的，然而他却敲打不止。我真有点无法容忍，想要发火。我身旁有一位年老的老外，是与我们同车的，看到我的神态，在我耳旁悄悄地说了句：Patience is the great virtue（容忍是很大的美德）。我对他微笑，表示致谢。我立即心平气和，天下太平。

看来容忍确是一件好事，甚至是一种美德。但是，我认为，也必须有一个界限。我们到了德国以后，就碰到这个问题。旧时欧洲流行决斗之风，谁污辱了谁，特别是谁的女情人，被污辱者一定要提出决斗。或用手枪，或用剑。普希金就是在决斗中被枪打死的。我们到了的时候，此风已息；但仍发生。我们几个中国留学生相约：如果外国人污辱了我们自身，我们要揣度形势，主要要容忍，以东方的恕道克制自己。但是，如果他们污辱我们的国家，则无论如何也要同他们玩儿命，决不容忍。这就是我们容忍的界限。幸亏这样的事情没有发生，否则我就活不到今天在这里舞笔弄墨了。

现在我们中国人的容忍水平，看了真让人气短。在公共汽车上，挤挤碰碰是常见的现象。如果碰了或者踩了别人，连忙说一声："对不起！"就能够化干戈为玉帛，然而有不少人连"对不起"都不会说了。于是就相吵相骂，甚至于扭打，甚至打得头破血流。我们这个伟大的民族怎么竟变成了这个样子！我在自己心中暗暗祝愿：容忍兮，归来！

1996年12月17日

漫谈撒谎

一

世界上所有的堂堂正正的宗教，以及古往今来的贤人哲士，无不教导人们：要说实话，不要撒谎。笼统来说，这是无可非议的。

最近读日本稻盛和夫、梅原猛著，卞立强译的《回归哲学》第四章，梅原和稻盛两人关于不撒谎的议论。梅原说："不撒谎是最起码的道德。自己说过的事要实行，如果错了就说错了——我希望现在的领导人能做到这样最普通的事。苏格拉底可以说是最早的哲学家，在苏格拉底之前有些人自称是诡辩家、智者。所谓诡辩家，就是能把白的说成黑的，站在 A 方或反 A 方同样都可以辩论。这样的诡辩家教授辩论术，曾经博得人们欢迎。原因是政治需要颠倒黑白的辩论术。"

在这里，我想先对梅原的话加上一点注解。他所说的"现在的领导人"，指的是像日本这样的国家的政客。他所说的"政治需要颠倒黑白的辩论术"，指的是古代希腊的政治。

梅原在下面又说："苏格拉底通过对话揭露了掌握这种辩论术的诡辩家的无智。因而他宣称自己不是诡辩家，不是智者，而是'爱智者'。这是最初的哲学。我认为哲学家应当回归其原点，恢复语言的权威。也就是说，道德的原点是'不撒谎'。……不撒谎是道德的基本和核心。"

梅原把“不撒谎”提高到“道德原点”的高度，可见他对这个问题是多么重视。我们且看一看他的对话者稻盛是怎样对待这个问题的。稻盛首先表示同意梅原的意见。可是，随后他就撒谎问题作了一些具体的分析。他讲到自己的经历，他说，有一个他敬仰的颇有点浪漫气息的人对他说：“稻盛，不能说假话，但也不必说真话。”他听了这话，简直高兴得要跳起来。接着他就写了下面一段话：“我从小父母也是严格教导我不准撒谎。我当上了经营的负责人之后，心里还是这么想：说谎可不行啊！可是，在经营上有关企业的机密和人事等问题，有时会出现很难说真话的情况。我想我大概是为这些难题苦恼时而跟他商量的。他的这种回答在最低限度上贯彻了‘不撒谎’的态度，但又不把真实情况和盘托出，这样就可以求得局面的打开。”

上面我引用了两位日本朋友的话，一位是著名的文学家，一位是著名的企业家。他们俩都在各自的行当内经过了多年的考验与磨炼，都富于人生经验。他们的话对我们会有启发的。我个人觉得，稻盛引用的他那位朋友的话：“不能说假话，但也不必说真话！”最值得我们深思。我的意思就是，对撒谎这类的社会现象，我们要进行细致的分析。

二

我们中国的父母，同日本稻盛的父母一样，也总是教导子女：不要撒谎。可怜天下父母心，总希望自己的子女能做一个堂堂正正的人，一个诚实可靠的人。如果子女撒谎成性，就觉得自己脸面无光。

不但父母这样教导，我们从小受教育也接受这种要诚实、不撒谎的教育。我记得小学教科书上讲了一个故事，内容是：一个牧童在村外牧羊，有一天忽然想出了一个坏点子，大声狂呼："狼来了！"村里的人听到呼声，都争先恐后地拿上棍棒，带上斧刀，跑往村外，到了牧童所在的地方，那牧童却哈哈大笑，看到别人慌里慌张，觉得很开心，又很得意。谁料过了不久，果真有狼来了，牧童再狂呼时，村里的人却毫无动静，他们上当受骗一次，不想再重蹈覆辙。牧童的结果怎样，就用不着再说了。

所有这一些教导都是好的，但是也有一个共同的缺点，就是缺乏分析。

上面我说到，稻盛对撒谎问题是进行过一些分析的。同样，几百年前的法国大散文家蒙田（1533—1592年），对撒谎问题也是作过分析的。在《蒙田随笔》上卷第九章《论撒谎者》，蒙田写道："有人说，感到自己记性不好的人，休想成为撒谎者，这样说不无道理。我知道，语法学家对说假话和撒谎是作区别的。他们说，说假话是指说不真实的，但却信以为真的事，而撒谎一词源于拉丁语（我们的法语就源于拉丁语）。这个词的定义包含违背良知的意思，因此只涉及那些言与心违的人。"

大家一琢磨就能够发现，同样是分析，但日本朋友和蒙田的着眼点和出发点，都是不同的。其间区别是相当明显的，用不着再来啰唆。

记得鲁迅先生有一篇文章，讲的是一个阔人生子庆祝，宾客盈门，竞相献媚。有人说：此子将来必大富大贵。主人喜上眉梢。又有人说，此子将来必长命百岁。主人乐在心头。忽然有一个人说：此子将来必死。主人怒不可遏。但是，究竟谁说的是实话呢？

写到这里，我自己想对撒谎问题来进行点分析。我觉得，德国人很聪明，他们有一个词儿 notluege，意思是“出于礼貌而不得不撒的谎”。一般说来，不撒谎应该算是一种美德，我们应该提倡。但是不能顽固不化。假如你被敌人抓了去，完全说实话是不道德的，而撒谎则是道德的。打仗也一样。我们古人说“兵不厌诈”，你能说这是不道德吗？我想，举了这两个小例子，大家就可以举一反三了。

1996 年 12 月 7 日

我们为什么有时候应当说谎？

我已经在“夜光杯”上写过两篇《论撒谎》的短文，我对这个问题已经阐述得差不多了，本不应，也不想再来饶舌了。但是，我最近在《书摘》1998年11期读到了摘自何怀宏先生的《底线伦理》的名曰《我们为什么不应当说谎?》的文章，心有所感，便写了这一篇短文。

何文在开始前就用黑体字写了或引了一段话：“说谎不仅是对直接受骗者的伤害，也是对整个社会的伤害。”这个纲上得够高的了。下面在文章中，作者首先说：“说谎本身即恶，诚实本身即善。”然后根据康德的学说，对说谎作了哲学的分析。康德认为，说谎由于其本身的性质而要自己否定自己。作者在下面又根据康德的学说对说谎进行了分析，他首先提出了普遍化原则。他说：“它（指说谎——引者）一旦被试以能否普遍化的原则，就要自相矛盾，自行取消。”接着他又提出了说谎违反了人是目的的原则，说谎者仅仅把人视作手段，而不是目的。他进一步又说，说谎也可以说是违反了意志自律的原则。以上是康德的三原则。

作者接着又阐述了自己的观点。他认为，康德不赞同根据效果来进行道德论证，他却说有必要把效果也考虑进来。他的结论是：说谎从其性质和效果上都是一件坏事，而诚实却从两方面来说都是一件好事。

我不懂哲学，不喜欢哲学；但是从我的日常经验来说，我总觉得这是哲学家之论，书生之论，秀才之论。崇诚实而抑说谎无疑是正确的。但是，我们必须考虑场合，考虑谎言的性质。在敌人的法庭上，在夹棍、油锅等等逼供刑具的威胁下，你能对敌人诚实吗？你能把自己方面的秘密诚实地和盘托出吗？在这样的场合下，诚实反而是罪恶，而说谎则是美德。

即使在我们日常生活中，也会常常碰到说实话与说谎话的矛盾。比如有人请你去开会，你因某一些原因不想去，那么，你就可以说：已经有了别的安排，或者说身体不适。这样一来，如果对方是聪明人的话，他会心照不宣，双方都保持了面子。如果你想遵守诚实的原则，直白地说："你们的会不够格，我不想去参加。"对方会被置于尴尬的境地，气量小者则会勃然大怒。双方本来有的友谊可能因此而破裂。这样的谎言我们几乎常常会说，它对双方都无害。它不但不是非道德的，而是必要的。对保持人与人关系的安定团结，是不可或缺的。

我再重复一遍，我不是哲学家，也不是伦理学家；但是，我说的话，虽然看上去是幼儿园的水平，可都是大实话。

1998 年 11 月 18 日

论说假话

我曾在本栏发表过两篇论撒谎的千字文。现在我忽发奇想，想把撒谎或者说谎和说假话区别开来，我认为二者之间是有一点区别的，不管是多么微妙，毕竟还是有区别。我认为，撒谎有利于自己，多一半却有害于别人。说假话或者不说真话，则彼此两利。

空口无凭，事例为证。有很多人有了点知名度，于是社会活动也就多了起来。今天这里召开座谈会，明天那里举行首发式，后天又有某某人的纪念会，如此等等，不一而足。事实上是不可能全参加的，而且从内心深处也不想参加。在这样的情况下，如果都说实话的话："我不愿意参加，我讨厌参加！"那就必然惹得对方不愉快，甚至耿耿于怀，见了面不跟你打招呼。如果你换一种方式，换一个口气，说："很对不起，我已经另有约会了。"或者干脆称病不出，这样必能保住对方的面子。即使他知道你说的不是真话，也无大碍，所谓心照不宣者，即此是也。中国是最爱面子的国家，彼此保住面子，大大有利于安定团结，切莫把这种事看作无足轻重。保住面子不就是两利吗？

我认为，这只是说假话或者不说真话，而不是撒谎。

《三国演义》中记载了一个小故事。有一次，曹操率兵出征，行军路上缺了水，士兵都渴得难忍难耐。曹操眉头一皱，计上心头，坐在马上，用马鞭向前一指，说"前面有一片梅子林”。士兵马上口中生津，因为梅子是酸的。于是难关度过，行军照常。曹操是不是撒了谎？当然是的。但是这个谎又有利于士兵，有利于整个军事行动。算不算是只是说了点假话呢？我不敢妄自评断。

有人说：我们在社会上，甚至在家庭中，都是戴着假面具生活的。这句话似乎有点过了头。但是我们确实常戴面具，又是一个无法否认的事实。现在各商店都大肆提倡微笑服务。试问：售货员的微笑都是真的吗？都没有戴面具吗？恐怕不是，大部分的微笑只能是面具，社会效益和经济效益取决于戴面具熟练的水平。有的售货员有戴面具的天才，有假微笑的特异功能，则能以假乱真，得到了顾客的欢心，寄来了表扬信，说不定还与工资或红包挂上钩。没有这种天才的人，勉强微笑，就必然像电影《瞧这一家子》中陈强的微笑，令顾客毛骨悚然。结果不但拿不到红包，还有被炒鱿鱼的危险。在这里我联想到“顾客是上帝”这个口号，这是完全不正确的，买卖双方，地位相等，哪里有什么上帝！这口号助长了一些尖酸刻薄挑剔成性的顾客的威风，并不利于社会上的安定团结。

总之，我认为，在日常社会交往中，说几句假话，露出点不是出自内心的假笑，还是必要的，甚至是不可避免的。

2000 年 1 月 30 日

我害怕“天才”

人类的智商是不平衡的，这种认识已经属于常识的范畴，无人会否认的。不但人类如此，连动物也不例外。我在乡下观察过猪，我原以为这蠢然一物，智商都一样，无所谓高低的。然而事实上猪们的智商颇有悬殊。我喜欢养猫，经我多年的观察，猫们的智商也不平衡，而且连脾气都不一样，颇使我感到新奇。

猪们和猫们有没有天才，我说不出。专就人类而论，什么叫做“天才”呢？我曾在一本书里或一篇文章里读到过一个故事。某某数学家，在玄秘深奥的数字和数学符号的大海里游泳，如鱼得水，圆融无碍。别人看不到的问题，他能看到；别人解答不了的方程式之类的东西，他能解答。于是，众人称之为“天才”。但是，一遇到现实生活中的问题，他的智商还比不了一个小学生。比如猪肉三角三分一斤，五斤猪肉共值多少钱呢？他瞠目结舌，无言以对。

因此，我得出一个结论：“天才”即偏才。

在中国文学史或艺术史上，常常有几“绝”的说法。最多的是“三绝”，指的是诗、书、画三绝。所谓“绝”，就是超越常人，用一个现成的词儿，就是“天才”。可是，如果仔细分析起来，这个人在几绝中只有一项，或者是两项是真正的“绝”，为常人所不能及，其他几绝都是为了凑数凑上去的。因此，所谓“三绝”或几绝的“天才”，其实也是偏才。

可惜古今中外参透这一点的人极少极少，更多的是自命“天才”的人。这样的人老中青都有。他们仿佛是从菩提树下金刚台上走下来的如来佛，开口便昭告天下：“天上天下，唯我独尊。”这种人最多是在某一方面稍有成就，便自命不凡起来，看不起所有的人，一副“天才气”，催人欲呕。这种人在任何团体中都不能团结同仁，有的竟成为害群之马。从前在某个大学中有一位年轻的历史教授，自命“天才”，瞧不起别人，说这个人是“狗蛋”，那个人是“狗蛋”。结果是投桃报李，群众联合起来，把“狗蛋”的尊号恭呈给这个人，他自己成了“狗蛋”。

这样的人在当今社会上并不少见，他们成为社会上不安定的因素。

蒙田在一篇名叫《论自命不凡》的随笔中写道：

> 对荣誉的另一种追求，是我们对自己的长处评价过高。这是我们对自己怀有的本能的爱，这种爱使我们把自己看得和我们的实际情况完全不同。

我决不反对一个人对自己本能的爱，应该把这种爱引向正确的方向。如果把它引向自命不凡，引向自命“天才”，引向傲慢，则会损己而不利人。

我害怕的就是这样的“天才”。

1999年7月25日

对号入座

对号入座是一句常说的话，一看就明白。

什么会场，什么剧场，里面的座位都分排标号。你一券在手，入门查号；查准了，安然坐下，天下大定。

我现在想讲的却不是这样的“对号入座”，而是它的引申意义。人们嘴里常说的“对号入座”，几乎全部是引申意义。

我把这句话的引申意义分为两类：一是积极的，二是消极的。积极的起积极作用，消极的起消极作用，下文自明。

在文坛或学坛上，有人写文章表扬或批评某一种现象，并没有指名道姓；但是，你不妨对号入座一下：找一找和自己的情况近似的地方，以之为借鉴，照一下自己，有则改之，无则加勉，这是大有好处的。

这就是我所说的积极的引申意义。

与此相反的是消极的引申意义。这种例子，在中国几千年的历史上，不胜枚举。远的不必说了，只说清代。清代的几个皇帝，特别是那一位主持纂修《四库全书》的乾隆，因为自己是“胡”，是“虏”，特别怕见这样的字眼儿。于是就学习阿Q（应该说是阿Q学习乾隆），尽量把这样的字眼儿从书中除掉，给后人留下了万劫难复的笑柄。

但是，谁又能想到，到了空前残暴、野蛮的所谓“文化大革命”，竟以一出《海瑞罢官》开端。这是消极的“对号入座”的例子。“十年浩劫”中深文周纳，罗织罪名，也多使用这种方法，流毒之剧，亘古未有。

我可万没有想到，这种消极的“对号入座”到了今天，仍时有表现。听说，有的教科书不敢选入岳飞的《满江红》，因为里面有“胡”“虏”等字样，这些字样刺痛了我们一些同胞的神经。他们主张，中国历史上的对外战争都是内战，当年汉族的敌对者今天都已成了我们的同胞。这话有一部分道理，但是经不起推敲。民族融合，举世皆然。中国从先秦经过汉、唐、宋、元、明、清等朝代的北方侵入者，当年确系敌国。我们不能把古代史现代化。今天他们已融入中华民族的大家庭中，但并不是所有的人都已融入。根据他们的说法，中国历史上只有内战牺牲者，而没有爱国者，著名的岳飞、文天祥都不是爱国者，西湖的岳庙以及普天下的文丞相祠似乎都无存在的必要了。这种想法，这种“对号入座”，是有害的，不利于我们56个民族组成中华民族的大团结。劝君切莫这样“对号入座”！

1999年7月29日

走运与倒霉

走运与倒霉，表面上看起来，似乎是绝对对立的两个概念。世人无不想走运，而决不想倒霉。

其实，这两件事是有密切联系的，互相依存的，互为因果的。说极端了，简直是一而二二而一者也。这并不是我的发明创造。两千多年前的老子已经发现了，他说："祸兮福之所倚，福兮祸之所伏。孰知其极？其无正。"老子的"福"就是走运，他的"祸"就是倒霉。

走运有大小之别，倒霉也有大小之别，而两者往往是相通的。走的运越大，则倒的霉也越惨，两者之间成正比。中国有一句俗话说："爬得越高，跌得越重。"形象生动地说明了这种关系。

吾辈小民，过着平平常常的日子，天天忙着吃、喝、拉、撒、睡，操持着柴、米、油、盐、酱、醋、茶。有时候难免走点小运，有的是主动争取来的，有的是时来运转，好运从天上掉下来的。高兴之余，不过喝上二两二锅头，飘飘然一阵了事。但有时又难免倒点小霉，"闭门家中坐，祸从天上来"，没有人去争取倒霉的。倒霉以后，也不过心里郁闷几天，对老婆孩子发点小脾气，转瞬就过去了。

但是，历史上和眼前的那些大人物和大款们，他们一身系天下安危，或者系一个地区、一个行当的安危。他们得意时，比如打了一个大胜仗，或者倒卖房地产、炒股票，发了一笔大财，意气风发，踌躇满志，自以为天上天下，唯我独尊。“固一世之雄也”，怎二两二锅头了得！然而一旦失败，不是自刎乌江，就是从摩天高楼跳下，“而今安在哉”！

从历史上到现在，中国知识分子有一个“特色”，这在西方国家是找不到的。中国历代的诗人、文学家，不倒霉则走不了运。司马迁在《太史公自序》中说：“昔西伯拘羑里，演《周易》；孔子厄陈蔡，作《春秋》；屈原放逐，著《离骚》；左丘失明，厥有《国语》；孙子膑脚，而论兵法；不韦迁蜀，世传《吕览》；韩非囚秦，《说难》《孤愤》；《诗》三百篇，大抵贤圣发愤之所为作也。”司马迁算的这个总账，后来并没有改变。汉以后所有的文学大家，都是在倒霉之后，才写出了震古烁今的杰作。像韩愈、苏轼、李清照、李后主等等一批人，莫不皆然。从来没有过状元宰相成为大文学家的。

了解了这一番道理之后，有什么意义呢？我认为，意义是重大的。它能够让我们头脑清醒，理解祸福的辩证关系：走运时，要想到倒霉，不要得意过了头；倒霉时，要想到走运，不必垂头丧气。心态始终保持平衡，情绪始终保持稳定，此亦长寿之道也。

1998年11月2日

谈 孝

孝，这个概念和行为，在世界上许多国家中都是有的，而在中国独为突出。中国社会，几千年以来就是一个宗法伦理色彩非常浓的社会，为世界上任何国家所不及。

中国人民一向视孝为最高美德。嘴里常说的，书上常讲的三纲五常，又是什么三纲六纪，哪里也不缺少父子这一纲。具体地应该说“父慈子孝”是一个对等的关系。后来不知道是怎么一来，只强调“子孝”，而淡化了“父慈”，甚至变成了“天下无不是的父母”。古书上说：“身体发肤，受之父母。”一个人的身体是父母给的，父母如果愿意收回去，也是可以允许的了。

历代有不少皇帝昭告人民：“以孝治天下。”自己还装模作样，尽量露出一副孝子的形象。尽管中国历史上也并不缺少为了争夺王位导致儿子弑父的记载，野史中这类记载就更多。但那是天子的事，老百姓则是绝对不能允许的。如果发生儿女杀父母的事，皇帝必赫然震怒，处儿女以极刑中的极刑：万剐凌迟。在中国流传时间极长而又极广的所谓“教孝”中，就有一些提倡愚孝的故事，比如王祥卧冰、割股疗疾等等都是迷信色彩极浓的故事，产生了不良的影响。

但是中华民族毕竟是一个极富于理性的民族，就在已经被视为经典的《孝经·谏诤章》中，我们可以读到下列的话：

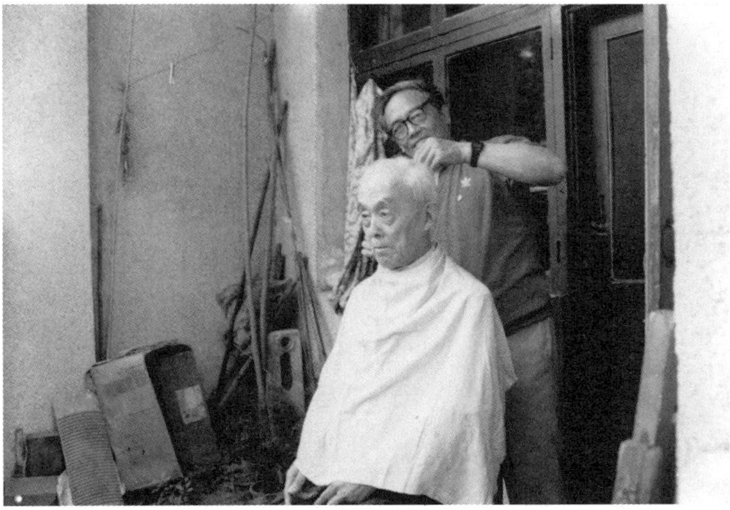

“中国人民一向视孝为最高美德。嘴里常说的，书上常讲的三纲五常，又是什么三纲六纪，哪里也不缺少父子这一纲。”图为，1990年10月3日，季承在北大家中为老父亲理发。

昔者，天子有诤臣七人，虽无道，不失其天下；诸侯有诤臣五人，虽无道，不失其国；大夫有诤臣三人，虽无道，不失其家；士有诤友，则身不离于令名；父有诤子，则身不陷于不义。故当不义，则子不可以不诤于父，臣不可以不诤于君；故当不义，则诤之，从父之令，又焉得为孝乎？

这话说得多么好呀，多么合情合理呀！这与“天下无不是的父母”这一句话形成了鲜明的对立。后者只能归入愚孝一类，是不足取的。

到了今天，我们应该怎样对待孝呢？我们还要不要提倡孝道呢？据我个人的观察，在时代变革的大潮中，孝的概念确实已经淡化了。不赡养老父老母，甚至虐待他们的事情，时有所闻。我认为，这是不应该的，是影响社会安定团结的消极因素。我们当然不能再提倡愚孝；但是，小时候父母抚养子女，没有这种抚养，儿女是活不下来的。父母年老了，子女来赡养，就不说是报恩吧，也是合乎人情的。如果多数子女不这样做，我们的国家和社会能负担起这个任务来吗？这对我们迫切要求的安定团结是极为不利的。这一点简单的道理，希望当今为子女者三思。

1999年5月14日

爱 情

一

人们常说，爱情是文艺创作的永恒的主题。不同意这个意见的人，恐怕是不多的。爱情同时也是人生不可缺少的东西，即使后来出家当了和尚，与爱情完全“拜拜”；在这之前也曾趟过爱河，受过爱情的洗礼，有名的例子不必向古代去搜求，近代的苏曼殊和弘一法师就摆在眼前。

可是为什么我写“人生漫谈”已经写了三十多篇，还没有碰爱情这个题目呢？难道爱情在人生中不重要吗？非也。只因它太重要，太普遍，但却又太神秘，太玄乎，我因而不敢去碰它。

中国俗话说：“丑媳妇迟早要见公婆的。”我迟早也必须写关于爱情的漫谈的。现在，适逢有一个机会，我正读法国大散文家蒙田的随笔《论友谊》这一篇，里面谈到了爱情。我干脆抄上几段，加以引申发挥，借他人的杯，装自己的酒，以了此一段公案。以后倘有更高更深刻的领悟，还会再写的。

蒙田说：我们不可能将爱情放在友谊的位置上。“我承认，爱情之火更活跃，更激烈，更灼热……但爱情是一种朝三暮四、变化无常的感情，它狂热冲动，时高时低，忽冷忽热，把我们系于一发之上。而友谊是一种普遍和通用的热情。……再者，爱情不过是一种疯狂的欲望，越是躲避的东西越要追求。……爱情一旦进入友谊阶段，也就是说，进入意愿相投的阶段，它就会衰弱和消逝。爱情是以身体的快感为目的，一旦享有了，就不复存在。”

总之，在蒙田眼中，爱情比不上友谊，不是什么好东西。我个人觉得，蒙田的话虽然说得太激烈，太偏颇，太极端；然而我们却不能不承认，它有合理的实事求是的一方面。

根据我个人的观察与思考，我觉得，世人对爱情的态度可以笼统分为两大流派：一派是现实主义，一派是理想主义。蒙田显然属于现实主义，他没有把爱情神秘化、理想化。如果他是一个诗人的话，他也决不会像一大群理想主义的诗人那样，写出些卿卿我我、鸳鸯蝴蝶，有时候甚至拿肉麻当有趣的诗篇，令普天下的才子佳人们击节赞赏。他干净利落地直言不讳，把爱情说成是“朝三暮四、变化无常的感情”。对某一些高人雅士来说，这实在有点大煞风景，仿佛在佛头上着粪一样。

我不才，窃自附于现实主义一派。我与蒙田也有不同之处：我认为，在爱情的某一个阶段上，可能有纯真之处。否则就无法解释，据说日本青年恋人在相爱达到最高潮时有的就双双跳入火山口中，让他们的爱情永垂不朽。

二

像这样的情况，在日本恐怕也是极少极少的。在别的国家，则未闻之也。

当然，在别的国家也并不缺少歌颂纯真爱情的诗篇、戏剧、小说，以及民间传说。莎士比亚的《罗密欧与朱丽叶》，中国的梁山伯与祝英台是世所周知的。谁能怀疑这种爱情的纯真呢？专就中国来说，民间类似梁祝爱情的传说，还能够举出不少来。至于“誓死不嫁”和“誓死不娶”的真实的故事，则所在多有。这样一来，爱情似乎真同蒙田的说法完全相违，纯真圣洁得不得了啦。

我在这里想分析一个有名的爱情的案例，这就是杨贵妃和唐玄宗的爱情故事，这是一个古今艳称的故事。唐代大诗人白居易的《长恨歌》歌颂的就是这一件事。你看，唐玄宗失掉了杨贵妃以后，他是多么想念，多么情深：“夕殿萤飞思悄然，孤灯挑尽未成眠。”这一首歌最后两句诗是：“天长地久有时尽，此恨绵绵无绝期。”写得多么动人心魄，多么令人同情，好像他们两人之间的爱情真正纯真到了无以复加的程度。但是，常识告诉我们，爱情是有排他性的，真正的爱情不容有一个第三者。可是唐玄宗怎样呢？“后宫佳丽三千人”，小老婆真够多的。即使是“三千宠爱在一身”，这“在一身”能可靠吗？白居易以唐代臣子，竟敢乱谈天子宫闱中事，这在明清是绝对办不到的。这先不去说它，白居易真正头脑简单到相信这爱情是纯真的才加以歌颂吗？抑或另有别的原因？

这些封建的爱情“俱往矣”，今天我们怎样对待爱情呢？我明人不说暗话，我是颇有点同意蒙田的意见的。中国古人说：“食、色，性也。”爱情，特别是结婚，总是同“色”相联系的。家喻户晓的《西厢记》歌颂张生和莺莺的爱情，高潮竟是一幕“酬简”，也就是“以身相许”。个中消息，很值得我们参悟。

我们今天的青年怎样对待爱情呢？这我有点不大清楚，也没有什么青年人来同我这望九之年的老古董谈这类事情。据我所见所闻，那一套封建的东西早为今天的青年所扬弃。如果真有人想向我这爱情的盲人问道的话，我也可以把我的看法告诉他们的。如果一个人不想终生独身的话，他必须谈恋爱以至结婚，这是“人间正道”。但是千万别浪费过多的时间，终日卿卿我我，闹得神魂颠倒，处心积虑，不时闹点小别扭，学习不好，工作难成，最终还可能是“竹篮子打水一场空”。这真是何苦来！我并不提倡两人“一见倾心”，立即办理结婚手续。我觉得，两个人必须有一个互相了解的过程。这过程不必过长，短则半年，多则一年。余出来的时间应当用到刀刃上，搞点事业，为了个人，为了家庭，为了国家，为了世界。

三

已经写了两篇关于爱情的短文，但觉得仍然是言犹未尽，现在再补写一篇。像爱情这样平凡而又神秘的东西，这样一种社会现象或心理活动，即使再将篇幅扩大十倍，二十倍，一百倍，也是写不完的。补写此篇，不过聊补前两篇的一点疏漏而已。

在旧社会实行“父母之命，媒妁之言”的办法，男女青年不必伤任何脑筋，就入了洞房。我们可以说，结婚是爱情的开始。但是，不要忘记，也有“绿叶成荫子满枝”而终于不知爱情为何物的例子，而且数目还不算太少。到了现代，实行自由恋爱了，有的时候竟成了结婚是爱情的结束。西方和当前的中国，离婚率颇为可观，就是一个具体的例证。据说，有的天主教国家教会禁止离婚。但是，不离婚并不等于爱情能继续，只不过是外表上合而不离，实际上则各寻所欢而已。

爱情既然这样神秘，相爱和结婚的机遇——用一个哲学的术语就是偶然性——又极其奇怪，极其突然，决非我们个人所能掌握的。在困惑之余，东西方的哲人俊士束手无策，还是老百姓有办法，他们乞灵于神话。

一讲到神话，据我个人的思考，就有中外之分。西方人创造了一个爱神，叫做 Jupiter 或 Cupid，是一个手持弓箭的童子，他的箭射中了谁，谁就坠入爱河。印度古代文化毕竟与欧洲古希腊、罗马有缘，他们也创造了一个叫做 Kāmaolliva 的爱神，也是手持弓箭，被射中者立即相爱，决不敢有违。这个神话当然是同一来源，此不见论。

在中国，我们没有“爱神”的信仰，我们另有办法。我们创造了一个月老，他手中拿着一条红线，谁被红线拴住，不管是相距多么远，天涯海角，恍若比邻，两人必然走到一起，相爱结婚。从前西湖有一座月老祠，有一副对联是天下闻名的：“愿天下有情人都成了眷属，是前生注定事莫错过姻缘。”多么质朴，多么有人情味！只有对某些人来说，“前生”和“姻缘”显得有点渺茫和神秘。可是，如果每一对夫妇都回想一下你们当初相爱和结婚的过程的话，你能否定月老祠的这一副对联吗？

我自己对这副对联是无法否认的，但又找不到“科学根据”。我倒是想忠告今天的年轻人，不妨相信一下。我对现在西方和中国青年人的相爱和结婚的方式，无权说三道四，只是觉得不大能接受。我自知年已望九，早已属于博物馆中的人物。我力避发九斤老太之牢骚，但有时又如骨鲠在喉不得不一吐为快耳。

1997 年 11 月 22 日

温馨，家庭不可或缺的气氛

大千世界，芸芸众生，除了看破红尘出家当和尚的以外，每一个人都会有一个家。一提到家，人们会不由自主地漾起一点温暖之意，一丝幸福之感。

不这样也是不可能的。不管是单职工还是双职工，白天在政府机构、学校、公司、工厂、商店等等五花八门的场所工作劳动；不管是脑力劳动，还是体力劳动，都会付出巨大的力量，应付错综复杂的局面，会见性格各异的人物，有时会弄得筋疲力尽。有道是："不如意事常八九。"哪里事事都会让你称心如意呢？到了下班以后，有如倦鸟还巢一般，带着一身疲惫，满怀喜悦，回到自己家里。这是一个真正的安身立命之处，在这里人们主要祈求的就是温馨。有父母的，向老人问寒问暖，老少都感到温馨；有子女的，同孩子谈上几句，亲子都感到温馨；夫妻说上几句悄悄话，男女都感到温馨。当是时也，白天一天操劳身心两方面的倦意，间或有心中的愤懑，工作中或竞争中偶尔的挫折，在处理事务中或人际关系中碰的一点小钉子，如此等等，都会烟消云散，代之而兴的是融融的愉悦。总之，感到的是不能用任何语言表达的温馨。

你还可以便装野服，落拓形迹。白天在外面有时不得不戴着的假面具，完全可以甩掉。有时不得不装腔作势，以求得能适应应对进退的所谓礼貌，也统统可以丢开，还你一个本来面目，圆通无碍，纯然真我。天下之乐宁有过于此者乎？所有这

在季羡林德国留学期间，家人为解其思亲之苦，特意照了一张全家福寄给他。自左至右依次是，堂妹季惠林、叔父季嗣诚、女儿季婉如、儿子季承、婶母陈绍泽、夫人彭德华。

一切都来自家庭中真正的温馨。

但是，是不是每一个家庭都是温馨天成、唾手可得呢？不，不，决不是的。家庭中虽有夫妻关系、亲子关系、血缘关系，但是，所有这一些关系，都不能保证温馨气氛必然出现。俗话说，锅碗瓢盆都会相撞。每个人的脾气不一样，爱好不一样，习惯不一样，信念不一样，而且人是活人，喜怒哀乐，时有突变的情况，情绪也有不稳定的时候，特别是在自己的亲人面前，更容易表露出来。有时候为一点芝麻绿豆大的小事，也会意见相左，处理不得法，也能产生龃龉。天天耳鬓厮磨，谁也不敢保证这种情况不会发生。

那么，我们应当怎么办呢？就我个人来看，处理这样清官难断的家务事，说难极难，说不难也颇易。只要能做到"真""忍"二字，虽不中，不远矣。"真"者，真情也；"忍"者，容忍也。我归纳成了几句顺口溜：相互恩爱，相互诚恳，相互理解，相互容忍，出以真情，不杂私心，家庭和睦，其乐无垠。

有人可能不理解，我为什么把容忍强调到这样的高度。要知道，容忍是中华美德之一。我们的往圣先贤，大都教导我们要容忍。民间谚语中，也有不少容忍的内容，教人忍让。有的说法，看似消极，实有积极意义，比如"忍辱负重"，韩信就是一个有名的例子。《唐书》记载，张公艺九世同居，唐高宗问他睦族之道，公艺提笔写了一百多个"忍"字递给皇帝。从那以后，姓张的多自命为"百忍家声"。佛家也十分强调忍辱之要义，经中有很多忍辱仙人的故事。常言道："小不忍则乱大谋。"在家庭中则是"小不忍则乱家庭"。夫妻、父母、子女之间，有时难免有不同的意见，如果一方发点小脾气，你让他（她）一下，风暴便可平息。等到他（她）心态平衡以后，自已会认错的。此时，如果你也不冷静，火冒三丈，轻则动嘴，重则动手，最终可能告到法庭，宣判离婚，岂不大可哀哉！父母兄弟姊妹之间，也有同样的情况。结果，一个好端端的家庭，会弄得分崩离析。这轻则会影响你暂时的情绪，重则影响你的生命前途。难道我这是危言耸听吗？

总之，温馨是家庭不可或缺的气氛，而温馨则是需要培养的。培养之道，不出两端，一真一忍而已。

1998 年 10 月 23 日

希望21世纪家庭更美好

家庭是组成社会的细胞，集无数细胞而成社会。家庭安则社会安；家庭不安，则社会必然动荡。这个道理明白易懂。

人类不是一开始就有家庭的，人类社会进步到某一个阶段而家庭出。在中国几千年的历史上，崇尚大家庭成风。四世同堂为一般人所艳羡，这通常指的是直系亲属。不是直系亲属而属于同一曾祖，或甚至祖父的叔伯兄弟，也往往集聚一个大家庭中。读一读《红楼梦》，这情况立即具体生动地展现在眼前。宁荣二府，以贾母为首的正头主子不过几十人，然而却楼台殿阁，千门万户，男仆如云，使女如雨，天天过着花天酒地的日子，享尽了人间荣华富贵。表面上看起来，繁荣兴盛，轰轰烈烈。然而，在内部却是钩心斗角，笑里藏刀，互相蒙骗，互相倾轧，除了宝玉一人外，大概没有人过得真正称心如意的。

《红楼梦》时代渺矣，遥矣。就在解放前，我还在济南见到一些聚族而居的大家庭。规模虽然不能像贾府那样大，但是，几个院子，几十口人，几十间房子总是有的。聚居的人，不是大爷，就是二婶，然而境遇却绝对不同。有的摆小摊，有的当县长，有的无所事事，天天鬼混。他们之间，恩恩怨怨，搅成一团。所谓“清官难断家务事”者，即此是也。

建国以来，由于社会的变化，这样的大家庭几乎全已失踪。家庭越变越小，儿女结婚后与父母同住者，也已少见。最典型的家庭是一夫一妻，再加上一个小孩。由于双职工多，生了小孩，没人照管，于是就请来男的母亲或女的母亲，住在一起，照管小孩，这样就产生了一个新名词儿“社会主义老太太”。

依我的推断，到了21世纪，这样的家庭还会继续下去。我不希望看到目前间或有的不办结婚登记手续而任意同居的家庭，这样的家庭是由“露水夫妻”组合成的，说聚就聚，说散就散，这不利于社会的安定团结。像美国那样的同性恋的“家庭”，中国目前似乎还没有，我在将来也不希望看到。这样的超时髦的玩意儿，还是没有的好。

一个人不可能没有一点缺点，也不可能不犯一点错误。只要到不了触犯刑律的程度，夫妻间就应该互相理解，互相原谅。相互理解是夫妻间最重要的行为。在热恋阶段往往看不到对方的缺点，俗话说：“情人眼中出西施。”一旦结婚，往往就会应了我们常说的两句话：“凡所难求皆绝好，及能如愿便平常。”西人说：“结婚是爱情的坟墓。”我希望，中国不要让这一句话兑现。我希望，结婚以后，爱情的温度会以另外一种形式与日俱增，而不是渐趋冰冷。

我在很多地方被别人认为是保守派，我也以保守派自居，并不是一切时髦的东西都是好的。在婚姻和家庭问题上，我也宁愿保守。我还是宣传我那一套，家庭中必须有忍让精神，夫妇相互包涵，相互容忍，天天为了一点芝麻绿豆大的小事而吵架，我不认为是好现象。

一夫一妻一个孩子的家庭，是历史演变的结果，是当前以及以后相当长的时间内形势的需要。我现在还想不出将来的家庭形式会变成什么样子，21世纪也不会改变。我不希望，中国的社会有朝一日会改变复古，复古到没有家庭的社会，男女杂交，只知有母而不知有父。我希望，21 世纪中国的家庭会在保留这种形式的基础上，多增加一些温馨，多增加一些理解，多增加一些和谐，多增加一些幸福。

1999 年 11 月 3 日

公民道德建设与家庭教育

最近党中央向全国人民发出了公民道德建设规范。此事实与人民素质的提高以及文化教育的普及有密切关联，可谓顺乎天时应乎人心的重大措施，因此得到了全国广大人民群众的热烈拥护，各报章杂志论之者众矣，这是一个十分可喜的现象。

我个人认为，道德行为有大有小。大者牵涉到齐家、治国、平天下，牵涉到我们民族发展的前途。小者则显得像芝麻绿豆般的一些细小事情。大者我们必须做到，小者也决不能以其小而不为。

空口无凭，我举两个具体的事例。我所居楼前有一个大池塘，一半种植荷花，另一半则水光接天，没有任何植物。学校在塘边安装了一些椅子，供居民或外来游人休息之用。初搬来时的30年中，我因忙于行政工作，常骑自行车，来去匆匆，从来没有在椅子上坐过，不知道椅子和椅子四周的情况如何。近若干年来，在早晨读书写作疲倦之后，小蔡、杨锐和玉洁常扶我出门在塘边马路上散步，每次都会在椅子上坐坐，才发现在椅子前后左右都有许多垃圾，什么废塑料袋、破饭盒、烟头、烂纸、水果皮等等，最可恨的是瓜子皮，黑白皆有，满地都是。在这样的情况下，即使眼前湖光潋滟，风物旖旎，杨柳垂丝，新荷田田，你能坐得下去吗？没有办法，我们每次出来，必携一大塑料袋和一只竹夹子，先把地上的垃圾捡净，然后才落座。此时心情十分复杂，眼前美景赏心悦目，心内感觉厌恶忿怒。坐在椅子上吃喝，我无权反对。吃完以后，不过一举手一投足之劳，将垃圾投入垃圾箱中，毫不费事，垃圾箱就在附近，不劳远行。然而这些人却竟视若无睹，乱投一气。他们眼中只有自己，毫无他人。这是一种地地道道的自私自利的行为，是我们中华民族的一种耻辱。有时候我们看到背后专家招待所的外国专家也出来捡垃圾，我脸上真是羞得发红。

还有一件事情，就是随地吐痰。这也本来算不上是一件大事；但是，我曾读到过一篇外国人写的文章，他反对在中国举行奥运，理由之一就是中国人随地吐痰。这样它不就成为一件大事了吗？随地吐痰，毋庸讳言，在中国确是常见。它几乎成为一种“国习”了。若干年前，北京政府也曾设法整治过。办法是，谁在大街上随地吐一口痰，就罚款五角，自己还要把痰迹擦掉。据说，有一次一个人因吐痰被罚，他在地上又吐了一口，拿出一元钱交给检查人员，说道：“我索性凑个整数，免得你找钱。”这是不是一个笑话，我不敢说。总之，那一次整治并没有成功，“后遂无问津者”。

我们中华民族是一个伟大的民族，这一点谁也不敢否认。但是，有这些毛病，确也是事实。古人说：“过则勿惮改。”这些毛病是非改不行的。怎样去改呢？这些毛病都是“历史遗产”。要求一下子就改过来，是不切实际的。我认为，必须从根本抓起，从小处抓起，我在上面讲到道德行为有大有小。但是，对于大小，必须有一个辩证的看法，小恶不改，久之必酿成大恶。我们要把这些小毛病提高到人民素质的水平上来看，纳入法治的范畴。这决不是抡起大斧砍苍蝇。新加坡的成功经验可以作我们的借鉴。

另一方面，必须从家庭教育抓起，从娃娃抓起。父母先要以身作则，对小孩子讲清道理，小孩子是能够接受的。中国古代是非常重视家庭教育的，孟母三迁就是一个好例证。因此我把改正上面提到的那一些小毛病的希望寄托于家庭教育。我想我的希望是会实现的。

2001 年 11 月 30 日

我的家

我曾经有过一个温馨的家。那时候，老祖和德华都还活着，她们从济南迁来北京，我们住在一起。

老祖是我的婶母，全家都尊敬她，尊称之为老祖。她出身中医世家，人极聪明，很有心计。从小学会了一套治病的手段，有家传治白喉的秘方，治疗这种十分危险的病，十拿十稳，手到病除。因自幼丧母，没人替她操心，耽误了出嫁的黄金时刻，成了一位山东话称之为“老姑娘”的人。年近四十，才嫁给了我叔父，做续弦的妻子。她心灵中经受的痛苦之剧烈，概可想见。然而她是一个十分坚强的人，从来没有对人流露过，实际上，作为一个丧母的孤儿，又能对谁流露呢？

德华是我的老伴，是奉父母之命，通过媒妁之言同我结婚的。她只有小学水平，认了一些字，也早已还给老师了。她是一个真正善良的人，一生没有跟任何人闹过对立，发过脾气。她也是自幼丧母的，在她那堂姊妹兄弟众多的、生计十分困难的大家庭里，终日愁米愁面，当然也受过不少的苦，没有母亲这一把保护伞，有苦无处诉，她的青年时代是在愁苦中度过的。

至于我自己，我虽然不是自幼丧母，但是，六岁就离开母亲，没有母爱的滋味，我尝得透而又透。我大学还没有毕业，母亲就永远离开了我，这使我抱恨终天，成为我的“永久的悔”。我的脾气，不能说是暴躁，而是急躁。想到干什么，必须立即干成，否则就坐卧不安。我还不能说自己是个坏人，因

“我曾经有过一个温馨的家。那时候，老祖（右二）和德华（左二）都还活着，她们从济南迁来北京，我们住在一起。”

为，除了为自己考虑外，我还能为别人考虑。我坚决反对曹操的“宁要我负天下人，不要天下人负我”。

就是这样三个人组成了一个家庭。

为什么说是一个温馨的家呢？首先是因为我们家六十年来没有吵过一次架，甚至没有红过一次脸。我想，这即使不能算是绝无仅有，也是极为难能可贵的。把这样一个家庭称之为温馨不正是恰如其分吗？其中也不是没有原因的。

我们全家都尊敬老祖，她是我们家的功臣。正当我们家经济濒于破产的时候，从天上掉下一个馅儿饼来：我获得一个到德国去留学的机会。我并没有什么凌云的壮志，只不过是想苦熬两年，镀上一层金，回国来好抢得一只好饭碗，如此而已。焉知两年一变而成了十一年。如果不是老祖苦苦挣扎，摆过小摊，卖过破烂，勉强让一老，我的叔父；二中，老祖和德华；二小，我的女儿和儿子，能够有一口饭吃，才得度过灾难。否则，我们家早已家破人亡了。这样一位大大的功臣，我们焉能不尊敬呢？

如果真有“毫不利己，专门利人”的人的话，那就是老祖和德华。她们忙忙叨叨买菜、做饭，等到饭一做好，她俩却坐在旁边看着我们狼吞虎咽，自己只吃残羹剩饭。这逼得我不由不从内心深处尊敬她们。

我们曾经雇过一个从安徽来的年轻女孩子当小时工，她姓杨，我们都管她叫小杨，是一个十分温顺、诚实、少言寡语的女孩子。每天在我们家干两小时的活，天天忙得没有空闲时间。我们家的两个女主人经常在午饭的时候送给小杨一个热馒头，夹上肉菜，让她吃了当午饭，立即到别的家去干活。有一次，小杨背上长了一个疮，老祖是医生，懂得其中的道理。据她说，疮长在背上，如凸了出来，这是良性的，无大妨碍。如果凹了进去，则是民间所谓的大背疮，古书上称之为疽，是能要人命的。当年范增“疽发背死”，就是这种疮。小杨患的也恰恰是这种疮。于是，小杨每天到我们家来，不是干活，而是治病，主治大夫就是老祖，德华成了助手。天天挤脓、上药，忙完整整两小时，小杨再到别的家去干活。最后，奇迹出现了，过了几个月，小杨的疽完全好了。老祖始终没有告诉她这种疮的危险性。小杨离开北京回到安徽老家以后，还经常给我们来信，可见我们家这两位女主人之恩，使她毕生难忘了。

我们的家庭成员，除了“万物之灵”的人以外，还有几个并非万物之灵的猫。我们养的第一只猫，名叫虎子，脾气真像是老虎，极为暴烈。但是，对我们三个人却十分温顺，晚上经常睡在我的被子上。晚上，我一上床躺下，虎子就和另外一只名叫咪咪的猫，连忙跳上床来，争夺我脚头上那一块地盘，沉沉地压在那里。如果我半夜里醒来，觉得脚头上轻轻的，我知道，两只猫都没有来，这时我往往难再入睡。在白天，我出去散步，两只猫就跟在我后面，我上山，它们也上山；我下来，它们也跟着下来。这成为燕园中一条著名的风景线，名传遐迩。

这难道不是一个温馨的家庭吗？

然而，光阴如电光石火，转瞬即逝。到了今天，人猫俱亡，我们的家庭只剩下了我一个人，形单影只，过了一段寂寞凄苦的生活。

然而，天无绝人之路。隔了不久，我的同事，我的朋友，我的学生，了解到我的情况之后，立刻伸出了爱援之手，使我又萌生了活下去的勇气。其中有一位天天到我家来“打工”，为我操吃操穿，读信念报，招待来宾，处理杂务，不是亲属，

老祖与那只名叫“虎子”的猫。

胜似亲属。让我深深感觉到，人间毕竟是温暖的，生活毕竟是“美丽的”（我讨厌这个词儿，姑一用之）。如果没有这些友爱和帮助，我恐怕早已登上了八宝山，与人世“拜拜”了。

那些非万物之灵的家庭成员如今数目也增多了。我现在有四只纯种的，从家乡带来的波斯猫，活泼、顽皮，经常挤入我的怀中，爬上我的脖子。其中一只，尊号“毛毛四世”的小猫，正在爬上我的脖子，被一位摄影家在不到半秒钟的时间内抢拍了一个镜头，赫然登在《人民日报》上，受到了许多人的赞扬，成为蜚声猫坛的一只世界名猫。

眼前，虽然我们家只剩下我一个孤家寡人，你难道能说这不是一个温馨的家吗？

2000 年 11 月 5 日

一个真正的中国人，
一个真正的中国知识分子

我的题目“一个真正的中国人，一个真正的中国知识分子”，分为两个问题，“一个真正的中国人”讲陈先生的爱国主义，因为近几年国内外对陈先生的著作写了很多文章，也是非常有深度的，可是我感到有一点不大够，我们中国评论一个人是“道德文章”，道德摆在前面，文章摆在后面，这标准看起来很简单，实际上并不简单。据我知道，在国际上评论一个人时把道德摆在前面并不是太多。我们中国历史上的严嵩，大家知道是一个坏人，可字写得非常好。传说北京的六必居，还有山海关“天下第一关”都是严嵩写的，没有署名，因为他人坏、道德不行，艺术再好也不行，这是咱们中国的标准。今天我着重讲一下我最近对寅恪先生道德方面的一些想法，不一定都正确。

第一个讲爱国主义。关于爱国主义，过去我写过文章，我听说有一位台湾的学者认同我所说的陈先生是爱国主义者，我感到很高兴。爱国主义这个问题我考虑过好多年，什么叫爱国主义？爱国主义有几种、几类？是不是一讲爱国主义都是好的？在此我把考虑的结果向大家汇报一下。

爱国须有“国”，没有“国”就没有爱国主义，这是很简单的。有了国家以后就出现了爱国主义。在中国，出现了许多爱国者，比欧洲、美国都多：岳飞、文天祥、史可法等。在欧

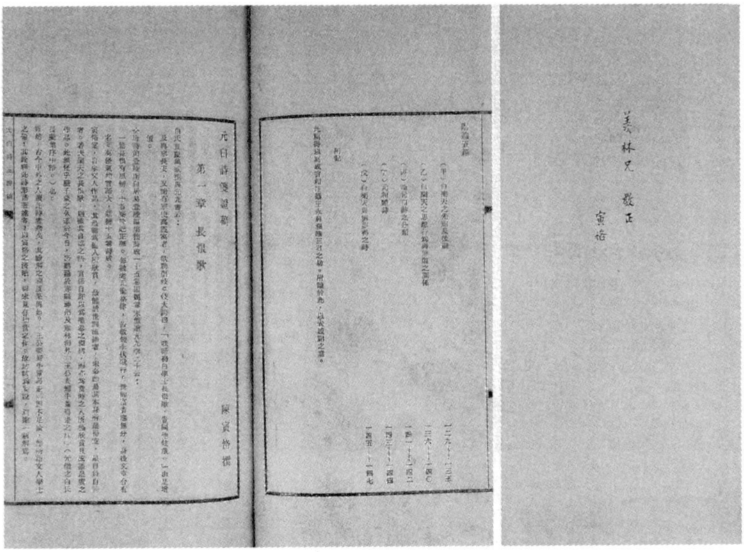

陈寅恪题赠给季羡林的《元白诗笺证稿》。

洲历史上找一个著名的爱国者比较难。我记得小学时学世界历史，有法国爱国者 Jeanne d'Arc（贞德），好像在欧洲历史上再找一个岳飞、文天祥式的爱国者很难，什么原因呢？并不是欧洲人不爱国，也不是说中国人生下来就是爱国的，那是唯心主义。我们讲存在决定意识，因此可以说，是我们的环境决定我们爱国。什么环境呢？在座的都是历史学家，都知道我们中国几千年的历史有一个特点，北方一直有少数民族的活动。先秦，北方就有少数民族威胁中原。先秦之后秦始皇雄才大略，面对北方的威胁派出大将蒙恬去征伐匈奴。到了西汉的开国之君刘邦时，也曾被匈奴包围过；武帝时派出卫青、霍去病征伐匈奴，取得胜利，对于丝绸之路的畅通等有重大意义。六朝时期更没法说了，北方的少数民族或者叫兄弟民族到中原来，隋朝很短。唐代是一个伟大的朝代，唐代的开国之君李渊曾对突厥秘密称臣，不敢宣布，不敢明确讲这个问题。到了宋代，北方辽、金取代了突厥，宋真宗"澶渊之盟"大家都是知道的，不需我讲了，宋徽宗、宋钦宗都被捉到了北方。之后就是南宋，整个宋代由于北方少数民族的威胁，产生了大爱国主义者岳飞、文天祥。元代是蒙古贵族当政，也不必说了。明代又是一个大朝代，明代也受到北方少数民族的威胁，明英宗也有土木堡之围。明代之后清朝又是满族贵族当政。

中国两千多年以来的历史一直有外敌或内敌（下面还将讲这个问题）威胁，如果没有外敌的话，我们也产生不出岳飞、文天祥，也出不了爱国诗人陆游及更早牧羊北海的苏武。中华民族近两千年的历史一直受外敌，后来是西方来或南来的欧洲，或东方来的敌人的威胁。所以，现在中国 56 个民族，过去不这么算，始终都有外敌。外敌存在是一种历史存在，由于有这么一个历史存在，决定了中国56个民族爱我们的祖国。

欧洲的历史与这不一样，很不一样。虽然难于从欧洲史上找出爱国主义者，但是欧洲人都爱国，这是毫无问题的，他们都爱自己的国家。我说中国人、中华民族爱国是存在决定意识，这是第一个问题。

第二个问题，爱国主义是不是好的？大家一看，爱国主义能是坏东西吗？我反复考虑这个问题，觉得没那么简单。我在上次纪念论文集的序言中讲了一个看法，认为爱国主义有广义、狭义之分。狭义的爱国主义指敌我矛盾时的表现，如苏武、岳飞、文天祥、史可法；还有一种爱国主义不一定针对敌人，像杜甫“致君尧舜上，再使风俗淳”，“君”嘛，当然代表国家，在当时爱君就是爱国家，杜甫是爱国的诗人。所以，爱国主义有狭义、广义这么两种。最近我又研究这一问题，现在有这么一种不十分确切的看法，爱国主义可分为正义的爱国主义与非正义的爱国主义。正义的爱国主义是什么呢？一个民族、一个国家受外敌压迫、欺凌、屠杀，这时候的爱国主义我认为是正义的爱国主义，应该反抗，敌人来了我们自然会反抗。还有一种非正义的爱国主义，压迫别人的民族，欺凌别人的民族，他们也喊爱国主义，这种爱国主义能不能算正义的？国家名我不必讲，我一说大家都知道是哪个国家，杀了人家，欺侮人家，那么你爱国爱什么国，这个国是干吗的？所以，我将爱国主义分为两类，即正义的爱国主义与非正义的爱国主义，爱国主义不都是好的。

我这个想法惹出一场轩然大波。北京有一个大学校长，看了我这个想法，非常不满，给我写了一封信，说：季羡林你那个想法在我校引起了激烈的争论，认为你说的不对，什么原因呢？你讲的当时的敌人现在都是我们 56 个民族之一，照你这么一讲不是违反民族政策吗？帽子扣得大极了。后来我一想，这事儿麻烦了，那个大学校长亲自给我写信！我就回了一封信，我说贵校一部分教授对我的看法有意见，我非常欢迎，但我得解释我的看法，一是不能把古代史现代化，二是你们那里的教授认为，过去的民族战争，如与匈奴打仗是内战，岳飞与金打仗是内战，都是内战，不能说是爱国。我说，按照这种讲法，中国历史上没有一个爱国者，都是内战牺牲者。若这样，首先应该把西湖的岳庙拆掉，把文天祥的祠堂拆掉，这才属于符合“民族政策”，这里需加上引号。

关于内战，我说我给你举一个例子，元朝同宋朝打仗能说是民族战争吗？今天的蒙古国承认是内战吗？别的国家没法说的，如匈奴，现在我们已经搞不清楚了。鲁迅先生几次讲过，当时元朝征服中国时，已经征服俄罗斯了，所以不能讲是内战。我说，你做校长的，真正执行民族政策应该讲道理，不能歪曲。我还听说有人这样理解岳飞的《满江红》，岳飞的《满江红》中有一句“壮志饥餐胡虏肉，笑谈渴饮匈奴血”，他们理解为你们那么厉害，要吃我们的肉，喝我们的血。岳飞的《满江红》是真是假，还值得研究，一般认为是假的。但我知道，邓广铭教授认为是真的。不管怎么样，我们不搞那些考证。虽然这话说得太厉害了，内战嘛，怎么能吃肉喝血？我给他们回信说，你做校长的要给大家解释，说明白，讲道理，不能带情绪。我们 56 个民族基本上是安定团结的，没问题的。安定团结并不等于说用哪一个民族的想法支配别的民族，这样不利于安定团结。后来他没有给我回信，也许他们认为我的说法有道理。

现在我感觉到爱国主义不一定都是好的，也有坏的。像牧羊的苏武、岳飞、文天祥，面对匈奴，抵抗金、蒙古，这些都是真的爱国主义。那么，陈先生的爱国主义呢？

大家都知道，我说陈先生是三世爱国，三代人。第一代人陈宝箴出生于 1831 年，1860 年到北京会试，那时候英法联军火烧圆明园，陈宝箴先生在北京城里看见西方烟火冲天，痛哭流涕。1895 年陈宝箴先生任湖南巡抚，主张新政，请梁启超做时务学堂总教习。陈宝箴先生的儿子陈三立是当时的大诗人，陈三立就是陈散原，也是爱国的，后来年老生病，陈先生迎至北京奉养。1937 年陈三立先生生病，后来卢沟桥事变，陈三立老人拒绝吃饭，拒绝服药。前面两代人都爱国，陈先生自己对中国充满了热爱，有人问为什么 1949 年陈先生到南方来，关键问题在上次开会之前就有点争论。有一位台湾学者说陈先生对国民党有幻想，要到台湾去。广州一位青年学者说不是这样。实际上可以讲，陈先生到了台湾也是爱国，因为台湾属于中国，没有出国，这是诡辩。事实上，陈先生到了广东不再走了，他对蒋介石早已失望。40 年代中央研究院院士开会，蒋介石接见，陈先生回来写了一首诗："看花愁近最高楼"，他对蒋介石印象如此。

大家一般都认为陈先生是钻进象牙塔里做学问的，实际上，在座的与陈先生接触过的还有不少，我也与陈先生接触了几年，陈先生非常关心政治，非常关心国家前途，所以说到了广东后不再走了。陈先生后来呢，这就与我所讲的第二个问题有关了。

陈先生对共产主义是什么态度，现在一些人认为他反对共产主义，实际上不是这样的。大家看一看浦江清《清华园日记》，他用英文写了几个字，说陈先生赞成 Communism（共产主义），但反对 Russian Communism，即陈先生赞成共产主义，但反对俄罗斯式的共产主义。浦江清写日记，当时不敢写“共产”两个字，用了英语。说陈先生反对共产主义是不符合事实的。那么，为什么他又不到北京去，这就涉及我讲的第二个问题。第一个问题我讲了陈先生是一个真正的中国人，重点在“真正”，三代爱国还不“真正”吗？这第二个问题讲陈先生是一个真正的中国知识分子。

我自己作为一个中国的知识分子，也做了有 80 年了，有一点体会。中国这个国家呢，从历史上讲始终处于别人的压迫之下，当时是敌人现在可能不是了，不过也没法算，你说他们现在跑到哪里去了，谁知道。世界上哪有血统完全纯粹的人！没有。我们身上流的都是混血，广州还好一点，广东胡血少。我说陈先生为什么不到北京去？大家都知道，周总理、陈毅、郭沫若他们都希望陈先生到北方去，还派了一位陈先生的弟子来动员，陈先生没有去，提出的条件大家都知道，我也就不复述了。到了 1994 年，作为一个中国的知识分子，我写过一篇文章《一个老知识分子的心声》，我说中国的知识分子由于历史条件决定有两个特点：第一个爱国，刚才我已讲过了；第二个骨头硬，硬骨头，骨头硬并不容易。毛泽东赞扬鲁迅，说鲁迅的骨头最硬，这是中国知识分子的优良传统。

三国时祢衡骂曹操。章太炎骂袁世凯，大家都知道，章太炎挂着大勋章，赤脚，到新华门前骂袁世凯，他那时就不想活着回来。袁世凯这个人很狡猾，未敢怎么样。中国知识分子的这种硬骨头，这种精神，据我了解，欧洲好像也不大提倡。我在欧洲呆了多年，有一点发言权，不过也不是百分之百的正确。所以，爱国是中国知识分子几千年来的一个传统，硬骨头又是一个传统。

陈先生不到北京，是不是表示他的骨头硬，若然，这下就出问题了：你应不应该啊？你针对谁啊？你对我们中华人民共和国骨头硬吗？我们 50 年代的党员提倡作驯服的工具，不允许硬，难道不对吗？所以，中国的问题很复杂。

我举两个例子，都是我的老师，一个是金岳霖先生，清华园时期我跟他上过课；一个是汤用彤先生，到北大后我听过他的课，我当时是系主任。这是北方的两位，还可以举出其他很多先生，南方的就是陈寅恪先生。

金岳霖先生是伟大的学者，伟大的哲学家，他平常非常随便，后来他在政协呆了很多年，我与金岳霖先生同时呆了十几年，开会时常在一起，同在一组，说说话，非常随便。有一次开会，金岳霖先生非常严肃地作自我批评，绝不是开玩笑的，什么原因呢？原来他买了一张古画，不知是唐伯虎的还是祝枝山的，不清楚，他说这不应该，现在革命了，买画是不对的。玩物丧志，我这个知识分子应该作深刻的自我批评，深挖灵魂中的资产阶级思想，不是开玩笑，真的！当时我也有点不明白，因为我的脑袋也是驯服的工具，我也有点吃惊，我想金先生怎么这样呢，这样表现呢？

汤用彤先生也是伟大学者，后来年纪大了，坐着轮椅，我有时候见着他，他和别人说话，总讲共产党救了我，我感谢党对我的改造、培养。他说，现在我病了，党又关怀我，所以，我感谢党的改造、培养、关怀，他也是非常真诚的。金岳霖、汤用彤先生不会讲假话的，那么对照一下，陈先生怎么样呢？我不说了。我想到了孟子说的几句话："富贵不能淫，贫贱不能移，威武不能屈，此之谓大丈夫。”

陈先生真够得上一个“大丈夫”。

现在有个问题搞不清楚，什么问题呢？究竟是陈先生正确呢，还是金岳霖、汤用彤先生和一大批先生正确呢？我提出来，大家可以研究研究。现在比较清楚了，改革开放以后，知识分子脑筋中的紧箍咒少了，感觉舒服了，可是50年代的这么两个例子，大家评论一下。像我这样的例子，我也不会讲假话，我也不肯讲假话，不过我认为我与金岳霖先生一派，与汤用彤先生一派，这一点无可怀疑。到了1958年“大跃进”，说一亩地产十万斤，当时苏联报纸就讲一亩地产十万斤的话，粮食要堆一米厚，加起麦秆来更高，于理不通的。“人有多大胆，地有多大产”，完全是荒谬的，当时我却非常真诚，像我这样的人当时被哄了一大批。我非常真诚，我并不后悔，因为一个人认识自己非常困难，认识社会也不容易。

我常常讲，我这个人不是“不知不觉”，更不是“先知先觉”，而是“后知后觉”，我对什么事情的认识，总比别人晚一步。今天我就把我最近想的与知识分子有关的问题提出来，让大家考虑考虑，我没有答案。我的行动证明我是金岳霖先生一派、汤用彤先生一派，这一派今天正确不正确，我也不说，请大家考虑。

1999年11月

本篇为作者在广州中山大学召开的“纪念陈寅恪教授国际学术研讨会”上的发言

爱国与奉献

最近清华大学和北京同方文化发展有限公司共同推出了大型电视专题片《我愿以身许国》暨《科学家的故事》。我参加了首映式。前者讲的是两弹一星23位科学家的故事，后者讲的是中国其他将近一百位科学家的故事，二者实相联系，合成一体。我看了后大为兴奋，大为震动，大为欣悦，大为感激，简直想手舞足蹈了。我们要感谢以顾秉林校长为首的清华大学的校领导，感谢同方文化发展有限公司的徐林旗总经理。没有他们的努力，这两部电视片是完成不了的。我欢呼这部优秀的电视专题片的诞生。我相信，将来当这部电视片在全国放映的时候，会有成千上万的观众参加到我们欢呼的行列里来的。

这两部片子的意义何在呢？

我归纳为两点：爱国与奉献。以爱国主义的情操来推动奉献精神；以奉献的实际行动来表达爱国主义的情操。二者紧密相联，否则爱国主义只是一句空话，而奉献则成为无源之水，无本之木。

爱国主义是中华民族的优秀传统，历数千年而未衰。原因是中国历代都有外敌窥伺，屠我人民，占吾土地，从而激起了我们民族的爱国义愤，奋起抵抗，前赴后继，保存了我们国家的领土完整，维护了我们人民的生命安全，一直到了今天。

到了今天，我们国家虽然仍然处于发展中国家行列中，但是早已换了人间，我们在众多方面取得了令人瞩目的成绩，在全世界普遍的经济不景气的气氛中，我们却一枝独秀。我们国家在世界民族之林中的地位日益崇高。没有我国的参加，世界上任何重大问题都是解决不了的。在这样的情况下还有必要大声疾呼地提倡爱国主义吗？

我的意见是：有必要，而且比以前更迫切。我们目前的处境是，从一个弱国逐渐变为一个强国。我们是一个有13亿人口的大国。这种转变会引起周边一些国家的不安。虽然我们国家的历届领导人都昭告天下：我们决不会侵略别的国家，但是我们也决不会听任别的国家侵略我们。这样的话，他们是听不进去的。特别是那一个狂舞大棒，以世界警察自居，肆意干涉别国内政的大国，更是视我国为眼中钉。在这样的情况下，我认为，我们“国歌”中的一句话：“中华民族到了最危急的时候”，还有其现实的意义。

因此，我们眼前发扬爱国主义精神，不但不能削弱，而且更应加强。我们还要把爱国与奉献紧密结合起来。如果没有两弹一星的元勋们的无私奉献精神和行动，如果我们今天仍然没有两弹一星，我们的日子怎样过呀！那一个大国能像现在这样比较克制吗？说不定踏上我国土地的不仅是20世纪三四十年代打着膏药旗的侵略者，还会有打着另外一种旗帜的侵略者。

想到这里，我们不能不缅怀23位两弹一星的元勋们以及他们的助手们的丰功伟绩。他们长期从家中“失踪”，隐姓埋名，躲到沙漠深处，战严寒，斗酷暑，忍受风沙的袭击，奋发图强，终于制造出来了两弹一星，成了中国人民的新的万里长城。他们把爱国与奉献紧密地结合起来。他们是我们学习的楷模。我是不是过分夸大了两弹一星的作用呢？决不是。以那个大国为首的力图阻碍我们前进的国家，都是唯武器论者。他们怕的只是你手中的真家伙。希望我们全国人民认真学习两弹一星的元勋们，也把爱国与奉献紧密结合起来。我们将成为世界大国是历史的必然，是谁也阻挡不住的。

2002 年 5 月 2 日

治学

季羡林

我的学术总结

我本来还想继续写下去的，一直把《自述》写到今天。但是，事与愿违，近半年来，屡次闹病，先是耳朵，后是眼睛，最后是牙，至今未息。耄耋之人，闹点不致命的小病，本来是人生常事，我向不惊慌。但却不能不影响我的写作，进度被拖了下来，不能如期完成。“期”者，指敏泽先生给我定下的期限：今年（1997）年底。其他诸位写同样题目的老先生，据说都有成稿，至少都有“成竹”，只有我另起炉灶。我不愿拖大家的后腿，偏又运交华盖，考虑再三，只好先写到1993年了。

另外还有一个原因，我性与人殊，越是年纪大，脑筋好像越好用，于是笔耕也就越勤。有一位著名作家写文章说，季羡林写文章比他读得还快。这当然有点溢美地夸大。实际上，他读到的所谓“文章”都是我的余兴，真正用力最勤的这部回忆学术研究历程的《自述》，除了我自己以外，世界上还没有第二人读到。我不是在这里“老王卖瓜”，我只想说明，从1993年到今年1997年这四年中我用中外文写成的专著、论文、杂文、序、抒情散文等等，其量颇为可观，至少超过过去的十年或更长的时间。

总之，我不过想说明，无论从身体状况上来看，还是从写作难度上来看，甚至从时间限制上来看，我只能暂时写到眼前的程度，暂时写到1993年，剩下的几年，只有俟诸异日了。

说句老实话，我从来压根儿没有想到写什么“自述”。但是，敏泽先生一提出他的建议，我立即一惊，惊他的卓见；继则一喜，喜他垂青于我。我不敢用“实获我心”一类的说法，因为我心里原本是茫然、懵然，没有想到这一点。最后是“一拍即合”，没有费吹灰之力，立即答应下来。

我一生都在教育界和学术界里“混”。这是通俗的说法。用文雅而又不免过于现实的说法，则是“谋生”。这也并不是一条平坦的阳关大道，有“山重水复疑无路”，也有“柳暗花明又一村”。回忆过去六十年的学术生涯，不能说没有一点经验和教训。迷惑与信心并举，勤奋与机遇同存。把这些东西写了出来，对有志于学的青年们，估计不会没有用处的。这就是“一拍即合”的根本原因。

紧跟着来的就是“怎样写”的问题。对过去六十年学术生涯的回忆，像一团纠缠在一起的蜘蛛网，把我的脑袋塞得满满的，一时间很难清理出一个头绪来。最简单易行的办法就是，根据自己现在回忆所及，把过去走过的学术道路粗线条地回顾一下，整理出几条纲来，略加申述，即可交卷。这样做并不难，我虽已至望九之年，但脑筋还是“难得糊涂”的。回忆时决不会阴差阳错，张冠李戴。但是，我又感到，这样潦草从事，对不起过去六十年的酸甜苦辣，于是决意放弃这个想法。

经过了反复思考，我终于想出了现在这个办法。这样做，确实很费精力。自己写过的许多文章，有的忘得一干二净，视若路人。我在这里不能不由衷地感谢李铮、令恪、钱文忠等先生细致详尽地编纂了我的著译目录。特别是李铮先生，他几十年如一日，细心整理我的译著。没有这几位朋友的帮助，我这一部《自述》是无论如何也写不出来的。

我现在就根据他们提供的目录，联系我自己的回忆，把我过去六十年所走过的道路描画出几条轨迹来，也把本书之所以这样写的理由写了出来。下面分项加以解释。

本书的写法

关于本书的写法，经过考虑，我采用了以著作为纲的写法。因为，不管在不同时期自己想法怎样，自己的研究重点怎样，重点是怎样转移的，以及其他许许多多的问题，最终必然都表现在自己写的文章上。只要抓住文章这一条纲，则提纲而挈领，纲举而目张，其他问题皆可迎刃而解了。

我的学术研究的特点

特点只有一个字，这就是：杂。我认为，对于“杂”或者“杂家”应该有一个细致的分析，不能笼统一概而论。从宏观上来看，有两种“杂”：一种是杂中有重点；一种是没有重点，一路杂下去，最终杂不出任何成果来。

先谈第一种。纵观中外几千年的学术史，在学问家中，真正杂而精的人极少。这种人往往出在学艺昌明繁荣的时期，比如古希腊的亚里士多德，文艺复兴时期的达·芬奇，以及后来德国古典哲学家中的几个大哲学家。他们是门门通，门门精。藐予小子，焉敢同这些巨人相比，除非是我发了疯，神经不正常。我自己是杂而不精，门门通，门门松。所可以聊以自慰者，只是我在杂中还有几点重点。所谓重点，就是我毕生倾全力以赴、锲而不舍地研究的课题。我在研究这些课题之余，为了换一换脑筋，涉猎一些重点课题以外的领域。间有所获，也写成了文章。

中国学术传统有所谓“由博返约”的说法。我觉得，这一个“博”与“约”是只限制在同一研究范围以内的。“博”指的是在同一研究领域内把基础打得宽广一点，而且是越宽广越好。然后再在这个宽广的基础上集中精力，专门研究一个或几个课题。由于眼界开阔，研究的深度就能随之而来。我个人的研究同这个有点类似之处；但是我并不限制在同一领域内。所以我不能属于由博返约派。有人用金字塔来表示博与约的关系。笼统地说，我没有这样的金字塔，只在我研究的重点领域中略有相似之处而已。

我的研究范围

既然讲到杂，就必须指出究竟杂到什么程度，否则头绪纷繁，怎一个“杂”字了得！根据我自己还有一些朋友的归纳统计，我的学术研究涉及的范围约有以下几项：

1. 印度古代语言，特别是佛教梵文
2. 吐火罗文
3. 印度古代文学
4. 印度佛教史
5. 中国佛教史
6. 中亚佛教史
7. 糖史
8. 中印文化交流史
9. 中外文化交流史
10. 中西文化之差异和共性

图为季羡林部分研究成果。

11. 美学和中国古代文艺理论

12. 德国及西方文学

13. 比较文学及民间文学

14. 散文及杂文创作

这个分类只是一个大概的情况。

学术研究发展的轨迹——由考证到兼顾义理

清儒分学问为三门：义理、辞章、考据。最理想的是三者集于一人之身，但这很难。桐城派虽然如此主张，但是，他们真正的成就多半在辞章一门，其他两门是谈不上的。就我个人而言，也许是由于天性的缘故，我最不喜欢义理，用现在的说法或者可以称为哲学。哲学家讲的道理恍兮惚兮，以我愚钝，看不出其中有什么象。哲学家公说公有理，婆说婆有理，天底下没有哪两个哲学家的学说是完全一样的。我喜欢实打实，摸得着，看得见的东西。这是我的禀赋所决定的，难以改变。所以，我在三门学问中最喜爱考证，亦称考据。考据，严格说来，只能算是一个研究方法，其精髓就是：无证不信，"拿证据来"，不容你胡思乱想、毫无根据。在中国学术史上，考据大盛于清朝乾嘉时代，当时大师辈出，使我们读懂了以前无法读的古书，这是它最大的贡献。

在德国，实证主义的研究方法，其精神与中国考据并无二致，其目的在拿出证据，追求真实——我故意不用"真理"二字——然后在确凿可靠的证据的基础上，抽绎出实事求是的结论。德国学术以其"彻底性"（Gründlichkeit）蜚声世界，这与他们的民族性不无联系。

至于我自己，由于我所走过的学术道路和师承关系，又由于我在上面讲到的个人禀性的缘故，我在学术探讨中、在潜移默化中受到了中、德两方面的影响。在中国，我的老师陈寅恪先生和汤用彤先生都是考据名手。在德国，我的老师 Prof. Sieg 和 Prof. Waldschmidt 和后者的老师 Prof. H. Lüders，也都是考证巨匠。因此，如果把话说得夸大一点的话，我承受了中、德两方面的衣钵。即使我再狂妄，我也不敢说，这衣钵我承受得很好。在我眼中，以上这几位大师依然是高山仰止，景行行止。我一生小心翼翼地跟在他们后面行走。

可是，也真出乎我自己的意料，到了晚年，"老年忽发少年狂"，我竟对义理产生了兴趣，发表了许多有关义理的怪论。个中因由，我自己也尚不能解释清楚。

我的义理

我在上面提到的我一生所写的许多文章中都讲到我不喜欢义理，不擅长义理。但是，我喜欢胡思乱想，而且我还有一些怪想法。我觉得，一个真正的某一门学问的专家，对他这一门学问钻得太深，钻得太透，或者也可以说，钻得过深，钻得过透，想问题反而缩手缩脚，临深履薄，战战兢兢，有如一个细菌学家，在他眼中，到处是细菌，反而这也不敢吃，那也不敢喝，窘态可掬。一个外行人，或者半外行人，宛如初生的犊子不怕虎，他往往能看到真正专家、真正内行所看不到或者说不敢看到的东西。我对于义理之学就是一个初生的犊子。我决不敢说，我看到的想到的东西都是正确的；但是，我却相信，我的意思是一些专家绝对不敢想更不敢说的。从人类文化发展史来看，如果没有绝少数不肯受钳制，不肯走老路，不肯固步自封的初生犊子敢于发石破天惊的议论的话，则人类进步必将缓慢得多。当然，我们也必须注意常人所说的“真理与谬误之间只差毫厘”“真理过一分就是谬误”。一个敢思考敢说话的人，说对了了不得，说错了不得了。因此，我们决不能任意胡说八道。如果心怀哗众取宠之意、故作新奇可怪之论，连自己都不信，怎么能让别人相信呢？我幸而还没有染上这种恶习。

总之，我近几年来发了不少“怪论”，我自己是深信不疑的，别人信不信由他，我不企图强加于人。我的怪论中最重要的是谈中、西文化同异问题的。经过多年的观察与思考，我处处发现中、西文化是不同的。我的基本论点是东西方思维模式不同：东综合而西分析。这种不同的思维模式表现在许多方面。举其荦荦大者，比如在处理人与大自然的关系问题上，西方对自然分析再分析，征服再征服。东方则主张“天人合一”，用张载的话来说就是：“民，吾同胞；物，吾与也。”结果是由西方文化产生出来的科学技术，在辉煌了二三百年，主宰了世界，为人类谋了很大的福利之后，到了今天，其弊端日益暴露；比如大气污染，臭氧层出洞，环境污染，淡水资源匮乏，生态平衡破坏，新疾病层出不穷，如此等等，哪一个问题不解决都能影响人类生存的前途。这些弊端将近二百年前英国浪漫诗人雪莱就曾预言过，如今不幸而言中。这些东西难道能同西方科技的发展分得开吗？

令人吃惊的是，到了今天，竟还有少数学者，怀抱“科学”的尚方宝剑，时不时祭起了“科学”的法宝，说我的说法不“科学”，没有经过“科学”的分析。另外还有个别学者，张口“这是科学”，闭口“这是科学”，来反对中国的医学，如针灸、拔罐子等等传统医疗方法。把中国传统的东西说得太神，我也无法接受；但是实践是检验真理的唯一标准，经过国内外多年的临床应用，证明有些方法确实有效，竟还有人视而不见，听而不闻，死抱住他所谓的“科学”不放，岂不令人骇异吗？

其实，这些人的“科学”，不过是西方的主要在近代发展起来的科学。五四运动时，中国所要求的“赛先生”者就是。现在事实已经证明了，这位“赛先生”确实获得了一部分成功，获得了一些真理，这是不能否认的。但是，通向真理的道路，并不限于这一条。东方的道路也同样能通向真理。这一个事实，才刚露出了端倪，还没有被广大群众所接受，至于后事如何，21 世纪便可见分晓。

一些具体的想法

同我在上一节谈到的“我的义理”有一些联系的是我的一些具体的想法，我希望这些想法能变为事实。

我在下面把我目前所想到的一些具体的问题和做法加以简略的介绍：

一、关于汉语语法的研究

世界语言种类繁多，至今好像还没有一个为大家所公认的“科学”的分类法。不过，无论如何，汉语同西方印欧语系的语言是截然不同的两类语言，这是无论谁也无法否认的事实。然而，在我们国内，甚至在国外，对汉语的研究，在好多方面，则与对印欧语系的研究无大差异。始作俑者恐怕是马建忠的《马氏文通》。这一部书开创之功不可没，但没能分清汉语和西方语言的根本不同，这也是无法否认的。汉语只有单字，没有字母，没有任何形态变化，词性也难以确定，有时难免显得有点模糊。在五四运动期间和以后一段时期内，有人就想进行改革，不是文字改革，而是语言改革，鲁迅就是其中之一，胡适也可以算一个。到了现在，“语言改革”的口号没有人再提了。但是研究汉语的专家们的那一套分析汉语语法的方式，我总认为是受了研究西方有形态变化的语言的方法的影响。我个人认为，这一条路最终是会走不通的。

汉语有时显得有点模糊，但是，妙就妙在模糊上。试问，世界上万事万物百分之百地彻底地绝对地清楚的有没有？自从西方新兴科学“模糊学”出现以后，给世界学人，不管是人文社会科学家，还是自然科学和技术科学家，一个观察世间错综复杂的现象的新的视角。这对世界文化的进步与发展是大有裨益的。

因此，我建议，汉语语法的研究必须另起炉灶，改弦更张。

二、中国通史必须重写

从历史上一直到现在，在世界民族之林中，最重视历史的民族是中华民族。从三皇五帝一直到今天的中华人民共和国，在长达几千年的时期内，我们都有连续不断的历史的文字记录，而且还不止有一种，最著名的是“二十四史”，这是举世闻名的。我们每一个朝代都有断代史。正史之外，还有杂史。至于通史这种体裁，古代我们也有，司马迁的《史记》、司马光的《资治通鉴》都有通史的性质。我们决不敢说，这些史籍中所记录的全是事实，那是根本不可能的。但是，中华民族是一个颇为实事求是的，没有多少想入非非的不着边际的幻想的民族，却也是大家所公认的。

近代以来，一些学者颇写了一些《中国通史》之类的著作。

根据丰富的历史资料，而观点则见仁见智，各不相同。这是很自然的事。这些书不同程度地受到了读者的欢迎。新中国成立后，大力提倡学习马克思主义。这事情本身应该说是一件好事。可惜的是，五六十年代我们所学的相当一些内容是“苏联版”的、带有“斯大林的印记”。在这种情况下，我们的人文社会科学的研究，其中当然包括历史研究，都受到了感染。专以中国通史而论，历史分期问题议论蜂起，异说纷纭，仅“封建社会起源于何时”这一个问题，就争论不休，意见差距超过千年，至今也没有大家比较公认的意见，只好不了了之。我真怀疑，这样的争论究竟有什么意义。再如一些书对佛教的谩骂，语无伦次，连起码的常识和逻辑都不讲。鲁迅说，谩骂不是战斗。它决不能打倒佛教，更谈不到消灭。这样的例子，我还可以举出一些来，现在先到此为止吧。

在当时极“左”思想的指导下，颇写出了几本当时极为流行的《中国通史》，大中小学生学习的就是这样的历史。不管作者学问多么大，名气多么高，在教条主义流行的年代，写出来的书绝对不可能不受其影响，有时是违反作者本意的产品。有人称之为“以论代史”，而不是“以论带史”。关键在于一个“论”字，这是什么样的“论”呢？我在上面已经指出来过，这是带有前苏联印记的“论”，而不一定是真正马克思主义的“论”。历史研究，贵在求真，决不容许歪曲历史事实，削足适履，以求得适合某种教条主义的“论”。

因此，我主张，中国通史必须重写。

另外还有一些情况，我们必须注意，一个是中国历史长短的问题，一个是中国文化发源地广袤的问题。关于第一个问题，我们过去写通史，觉得最有把握的是，最早只写到商代，约公元前17世纪至公元前11世纪，在“古史辨派”眼中，夏禹还只是一条虫，遑论唐虞，更谈不到三皇五帝。这样我们的历史只有三千多年，较之埃及、巴比伦，甚至印度，瞠乎后矣。硬说是五千年文明古国，不是硬吹牛吗？然而，近年来，由于考古工作的飞速进步，夏代的存在已经完全可以肯定，也给禹平了反，还他以人形。即以文字发展而论，被称为最古的文字的甲骨文已经相当成熟，其背后还必有一段相当长的发展的历史。我们相信，随着考古发掘工作进一步的发展，中国的历史必将更会向前推断，换句话说，必将会更长。

至于中国文化发源地的广袤问题，过去一般的意见是在黄河流域。现在考古发掘工作告诉我们，长江流域的文化发展决不可轻视。有的人甚至主张，长江早于黄河。不管怎样，长江流域也是中国文化发源地之一。这只要看一看楚辞便可明白。没有一个比较长期的文化积淀，楚辞这样高水平的文章是产生不出来的。长江流域以外，考古工作者还在南方许多地区发现了一些文化遗址。这一切都说明，过去只看到黄河流域一个地方，是不够的。今天我们再写历史，决不能再走这一条老路。

因此，我主张，中国通史必须重写。

三、中国文学史必须重写

在20世纪以前，尽管我们的正史和杂史上关于中国文学的记载连篇累牍，可是专门的中国文学史却是没有的。有之，是自20世纪初期始，可能受了点外来的影响。在新中国成立前的几十年中，颇出了一些《中国文学史》，书名可能有一些不同，但内容却是基本上一样的，水平当然也参差不齐。连《中国文学批评史》也出了几种。

新中国成立以后，四五十年来，更出了不少的文学史，直到今日，此风未息。应该说，对学术界来说，这都是极好的事情，它说明了我国学术界的繁荣昌盛。

但是，正如可以预料的那样，同上面讲到的《中国通史》一样，《中国文学史》的纂写也受到了极“左”思潮的影响。中国的极“左”思潮一向是同教条主义、僵化、简单化分不开的。在这种思想左右下，我们中国的文学史和文艺理论研究，无疑也受到前苏联很大影响。50 年代，我们聘请了一些苏联文艺理论专家来华讲学。他们带来的当然带有苏联当时的那一套教条，我们不少人却奉为金科玉律，连腹诽都不敢。前苏联一个权威把极端复杂的、花样繁多，然而却又是生动活泼的哲学史上哲学家的学说，一下子化为僵死、呆板、极端简单化了的教条。可在一段相当长的时期内，这就是我们研究中国文学史以及中国历史上文艺理论的一个指针。在这样的情况下，文学史和文艺理论的研究焉能生动活泼、繁荣昌盛呢？

在外来的影响之外，还有我们自己土产的同样贴上了马克思主义标签的教条主义的东西。不错，文学作品有两个标准，政治标准和艺术标准。但却不能只一味强调政治标准，忽视艺术标准。在其时，一般的中国文学史家，为了趋吉避凶，息事宁人，就拼命在第一条标准上做文章，而忽视了这个第二条艺术性标准。翻看近四五十年来所出版的几部部头比较大、影响比较大的《中国文学史》或者有类似名称的书，我们不难发现，论述一个作家作品的政治性或思想性时，往往不惜工本，连篇累牍地侃侃而谈，主要是根据政治教条，包括从前苏联来的洋教条在内，论述这位作家的思想性，有时候难免牵强附会，削足适履。而一旦谈到艺术性，则缩手缩脚，甚至了了草草，敷敷衍衍，写上几句倒三不着两的话，好像是在应付差事，不得不尔。

根据我个人的浅见，衡量一部文学作品的标准，艺术性绝对不应忽视，甚至无视，因为艺术性是文学作品的灵魂。如果缺乏艺术性，思想性即使再高，也毫无用处，这样的作品决不会为读者所接受。有一些文学作品，思想性十分模糊，但艺术性极高，照样会成为名作而流传千古，李义山的许多无题诗就属于这一类。可惜的是，正如我在上面说过的那样，近几十年来几乎所有的文学史，都忽视了作品艺术性的分析。连李白和杜甫这样伟大的诗人，文学史的作者对他们的艺术风格的差异也只能潦草地说上几句话，很少有言之有物、切中肯綮的分析，遑论其他诗人。

这样的文学史是不行的。因此，我主张，中国文学史必须改写。

四、美学研究的根本转型

在中国古代，美学思想是丰富多彩的，但比较分散，没有形成体系。“美学”这一门学问，在某种意义上来看，可以说是一个“舶来品”，是受到了西方影响之后才成立的。这一个事实恐怕是大家所公认的。新中国成立以后，有一段时期，美学浸浸乎成了显学，出了不少人才，出了不少的书，还形成了一些学派，互相争辩，有时候还相当激烈。争论的问题当然很多，但是主要集中在美的性质这个问题上：美是主观的呢？还是客观的？抑或是主客观相结合的？跟在西方学者后面走，拾人牙慧，不敢越雷池一步，结果走进了死胡同，走进了误区。

何以言之？按西方语言，“美学”这个词儿的词源与人的感官（sense organ）有关。人的感官一般说有五个，即眼、耳、鼻、舌、身。中国和印度等国都是这样说。可是西方美学家却只讲两官，即眼与耳。美术、绘画、雕塑、建筑等属于前者，音乐属于后者。这种说法实际上也可归入常识。

可是，中国美学家忘记了，中国的“美”同西方不一样。从词源学上来讲，《说文》：“美，羊大也。”羊大了肉好吃，就称之为“美”。这既不属于眼，也不属于耳，而是属于舌头，加上一点鼻子，鼻子能嗅到香味。我们现在口头上时时都在讲“美酒”“美味佳肴”等等，还有“美食城”这样的饭店，这些在西方都不能用“美”字来表述。西方的“美”不包括舌头和鼻子。只要稍稍想一想，就能够明白。中国学者讲美学，而不讲中国的“美”，岂非咄咄怪事！我说，这是让西方学者带进了误区。

现在，中国已经有了一些美学家谈论美学转型的问题。我认为，这谈得好，谈得及时。可惜这些学者只想小小地转一下型，并没有想到彻底走出误区，没有想到我在上面提到的那一些带根本性的问题。

我从20世纪30年代起就陆续读过一些美学的书，对美学我不能说是一个完全的外行。但是浅尝辄止，也说不上是一个真正的内行，只能说是一个半瓶醋。常识告诉我们，只有半瓶醋才能晃荡出声。我就是以这样的身份提出了一个主张：美学必须彻底转型，决不能小打小闹，修修补补，而必须大破大立，另起炉灶。

五、文艺理论在国际上“失语”问题

近七八十年以来，在世界范围内，文艺理论时有变化，新学说不时兴起。有的延续时间长一点，有的简直是“蟪蛄不知春秋”，就为更新的理论所取代。我常套用赵瓯北的诗句，改为“江山年有才人出，各领风骚数十天”。可是，令人奇怪的是，在国际文艺论坛上喧嚣闹嚷声中，独独缺少中国的声音，有人就形象地说，中国患了“失语症”。

难道我们中国真正没有话可说吗？难道国际文艺理论的讲坛上这些时生时灭的“理论”就真正高不可攀吗？难道我们中国的研究文艺理论的学者就真正蠢到鸦雀无声吗？非也，非也。我个人认为，其中原因很多；但是最主要的原因之一是，我们有一些学者过多地屈服于“贾桂思想”，总觉得自己不行；同时又没有勇气，或者毋宁说是没有识见，去回顾我们自己有悠久历史传统的、水平极高的旧的文艺理论宝库。我们传统的文艺理论，特别是所使用的“话语”，其基础是我在上面提到的综合的思维模式，与植根于分析的思维模式的西方文艺理论不同。我们面对艺术作品，包括绘画、书法、诗文等等，不像西方文艺理论家那样，把作品拿过来肌掰理分，割成小块块，然后用分析的“话语”把自己的意见表述出来。有的竟形成极端复杂的理论体系，看上去令人目眩神摇。

我们中国则截然不同。我们面对一件艺术品，或耳听一段音乐，并不像西方学者那样，手执解剖刀，把艺术品或音乐分析解剖得支离破碎；然后写成连篇累牍的文章，使用了不知多少抽象的名词，令读者如堕入五里雾中，最终也得不到要领。我们中国的文艺批评家或一般读者，读一部文学作品或一篇诗文，先反复玩味，含英咀华，把作品的真精神灿然烂然映照于我们心中，最后用鲜明、生动而又凝练的语言表达出来。读者读了以后得到的也不是干瘪枯燥的义理，而是生动活泼的综合的印象。比方说，庾信的诗被综合评论为“清新”二字，鲍照的诗则是“俊逸”二字。杜甫的诗是“沉郁顿挫”，李白的诗是“飘逸豪放”，其余的诗人以此类推。对于书法的评论，我们使用的也是同一个办法，比如对书圣王羲之的书法，论之者评为“龙跳天门，虎卧凤阙”，多么具体凝练，又是多么鲜明生动！在古代，月旦人物，用的也是同样的方式，不赘述。

我闲常考虑一个问题：为什么在中国文学批评史上，除了《文心雕龙》《诗品》等少数专门著作之外，竟没有像西方那样有成套成套的专门谈文艺理论的著作？中国的文艺理论实际上是历史悠久，内容丰富，而又派别繁多，议论蜂起的。许多专家的理论往往见之于诗话（词话）中，不管什么“神韵说”“性灵说”“肌理说”“境界说”等等，都见之于诗话中；往往是简简单单的几句话，而内容却包罗无穷。试拿中国——中国以外，只有韩国有诗话——诗话同西方文艺理论的皇皇巨著一比，其间的差别立即可见。我在这里不做价值评判，不说哪高哪低，让读者自己去评论吧。

这话说远了，赶快收回，还是谈我们的“失语”。我们中国文艺理论并不是没有“语”，我们之所以在国际上失语，一部分原因是欧洲中心主义还在作祟，一部分是我们自己的腰板挺不直，被外国那一些五花八门的“理论”弄昏了头脑。我个人觉得，我们有悠久雄厚的基础，只要我们多一点自信，少一点自卑，我们是大有可为的，我们决不会再“失语”下去的。但是兹事体大，决不会是一蹴而就的事，我们必须付出艰苦的劳动，多思考，勤试验，在不薄西方爱东方的思想指导下，才能为世界文艺理论开辟一个新天地。任何掉以轻心的做法都是绝对有害的。

重视文化交流

对于文化产生的问题，我是一个文化产生多元论者。换句话说就是，文化不是世界上哪一个民族单独创造出来的。世界上民族众多，人口有多有少，历史有长有短；但是基本上都对人类文化有所贡献，虽然贡献大小不同，水平也参差不齐。而且，我认为，文化有一个特点：它一旦被创造出来，自然而然地就会通过人类的活动进行交流。因此，文化交流，无时不在，无地不在，它是推动人类社会前进的主要动力之一。

我对文化交流重要性的议论，在我的很多文章中和发言里都可以找到。我对中外交流的研究，其范围是相当广的，其时间是相当长的。我的重点当然是中印文化交流史，这与我的主要研究课题——印度古代的佛教梵语——有关。我的研究还旁及中国与波斯和其他一些国家的文化交流。就连我多年来兀兀穷年搞的貌似科技史之类的课题，其重点或者中心依然是文化交流史。

佛教梵语研究

我在德国十年学习期间，主要精力就用在学习梵文和巴利文上。Prof. Waldschmidt 给我的博士论文题目是研究佛教梵语的，有人也称之为“混合梵文”或“揭陀语言”。这是一种基本上是梵文但又掺杂了不少古代方言的文字。在小乘向大乘过渡的期间，或者在我称之为“原始大乘佛教”的期间，许多佛典都是用这种文字写成的。有的佛典原来是用纯粹方言写成的，随着“梵文的复兴”以及一些别的原因，佛典文字方言成分逐渐减少，而梵文成分则逐渐增多，于是就形成了所谓“佛教梵语”。在这些方言中，东部方言摩揭陀语占有很大的比重。于是，有的学者就推测，最初可能有用古代东部半摩揭陀方言纂成了“原始佛典”。有人激烈反对这种说法；但是，依我之见，这种假设是合情合理的，反对者的花言巧语是一点也没有用处的，是徒劳的。

我研究这种语言有我独特的特点，我不仅仅是为了分析语法现象而分析，我有我的目的，我是尝试着通过语言现象来探寻一部经典的产生的时代和地区。根据我个人的经验，这是行之有效的办法，而且是证据确凿的，别人想否定也是不可能的。印度古代有众多方言，既云方言，必然具有地域性，而且这地域性表现得十分明显；阿育王在印度许多地方树立的石碑和石柱，上面的铭文明确无误地指明了方言的地域性，是最有价值的参照资料。

先师陈寅恪先生以国学大师，特别是考证大师，蜚声国内外士林。但是，明眼人都能在陈师著作的字里行间窥探出其中蕴涵的义理。考证的目的在于求真求实，而真实又是历史研究的精髓。对史料不做考证求实的工作而妄加引用，或歪曲原意，或削足适履，不管有意还是无意，都是不道德的行为，为真正有良心的学者所深恶痛绝。寅恪先生的义理，内容极为丰富，笼统言之，不外中国文化的本质、中国文化的衍变、中国文化的传承、文化与民族的关系等等，总之是离不开中国文化的。以我愚钝，窃不自量力，也想在自己的语言形态变化的踏踏实实的考证中寓一点义理，义理就是我在上面讲的佛教历史的演变，以及部派的形成与传承等等。

我在 1940 年和 1941 年在德国哥廷根大学获得哲学博士

学位。为什么我写成了两年呢？因为当时第二次世界大战正在激烈进行，我的导师 Prof. Waldschmidt 被征从军。因此，我的博士答辩共举行了两次：一在 1940 年，一在 1941 年，这是极为少见的现象。这一点我从来没有讲过，我现在在这里补充说明一下。获得学位后，由于战事关系，我被迫留在哥廷根大学教书；同时仍然集中全力，在极端艰苦的条件下，从事佛教梵语的研究；发表过几篇我自认颇有分量的论文，我今天未必再能写得出来。第二次世界大战结束后，如果我继续留在哥廷根大学教书，或者赴英国剑桥大学去教书，那么，我的佛经梵语研究一定还会继续下去的，我自信在这方面还能有所发现，有所创造。但是，人是无法真正掌握自己的命运的，我回到了祖国，来到了北京大学，一转眼就过了半个世纪。由于受到资料和信息的限制，我的佛经梵语研究无法继续下去，只好顺应时势改了行。我在科学研究方面是一个闲不住的人，我尝试了很多研究领域，成了一名“杂家”。现在追忆起来，有一个问题我自己也无法回答：是我留在欧洲在学术上发挥作用大呢？还是回到国内来发挥作用更大？一般的看法是后者发挥作用更大。我虽然还没有对自己的生命划句号的计划；但自己毕竟已经到望九之年，这个问题留待后人去回答吧。

关于佛教梵语的研究，我在前面“负笈德意志”部分的“梵文和巴利文学习”中已经有所涉及，请参考。

吐火罗文

关于我学习吐火罗文的过程，我在前面“负笈德意志”部分的“吐火罗文的学习”中已经做了相当详细的叙述，请读者参考。我在前面“负笈德意志”部分对*Parallelversionen zur tocharischen Rezension des Runyavanta-Jātaka*这篇论文的叙述中也涉及这个问题，也请读者参考。

我在这里做一些必要的补充。

统观我在将近六十年中学习和研究吐火罗文的历史过程，大约可以分为三个阶段：

一、在德国哥廷根的学习阶段

这一阶段在上面已经叙述过，这里不再重复。

二、回国后长达三十多年的藕断丝连的阶段

1946年回国以后，在吐火罗文研究方面，我手头只有从德国带回来的那一点点资料，根本谈不到什么研究。五六十年代，在极“左”思想肆虐的时期，有“海外关系”，人人色变。我基本上断绝了同德国以及其他国家的联系，偶尔有海外同行寄来吐火罗文研究的专著或者论文，我连回信都不敢写。我已下定了决心，同吐火罗文研究断绝关系。但是，在思想中，有时对吐火罗文还有点恋旧之感，形成“藕断丝连”的尴尬局面。

三、80年代初接受委托从事在新疆焉耆新发现的《弥勒会见记剧本》（缩写为MSN）的解读和翻译工作的阶段

80年代初，新疆博物馆李遇春馆长亲自携带着1975年在新疆焉耆新出土的吐火罗文残卷，共44张，两面书写，合88页，请我解读。我既喜且忧。喜的是同吐火罗文这一位久违的老朋友又见面了；忧的是，自己多少年来已同老友分手，它对我已十分陌生，我害怕自己完成不了这一个任务。这个情况，我在前面已经比较详细地讲过了。总之，我一半靠努力，一半靠运气，完成了委托给我的任务。从那以后，我对吐火罗文的热情又点燃了起来，在众多的其他写作和研究任务中，吐火罗文的研究始终占有一席之地。从1983年开始，我就断断续续地用汉文或英文发表我的吐火罗文A《弥勒会见记剧本》的转写、翻译和注释。我使用的方法，利用的资料和帮助我的朋友们，我都在1983年的第一篇这一类的文章中一一说明了。请参阅，这里不再重复。到了现在，也就是我写这一篇“总结”的时候，1997年12月，我对吐火罗文A《弥勒会见记剧本》所应做的工作，已经全部结束。一部完整的英译本，明年（1998）上半年即可在德国出版，协助我工作的是德国学者Prof. Werner Winter和法国学者Georges Pinault。这一部书将是世界上第一部规模这样大的吐火罗文作品的英译本，其他语言也没有过，这在吐火罗文研究方面有重大的意义。我六十年来的吐火罗文的学习和研究工作，也就可以说是画上了一个完美的句号了。

《糖史》

我对科技史懂得不多，我之所以走上研究糖史的道路，可以说大部分是出于偶然性。与其说我对糖史有兴趣，毋宁说我对文化交流更有兴趣。

糖是一种微末的日用食品，平常谁也不会重视它。可是“糖”这个字在西欧各国的语言中都是外来语，来自同一个梵文字śarkarā，这充分说明了，欧美原来无糖，糖的原产地是印度。这样一来，糖一下子就同我的研究工作挂上了钩。于是我就开始注意这个问题，并搜集这方面的资料。后来，又由于一个偶然的机会，一张伯希和从敦煌藏经洞拿走的，正面写着一段佛经，背面写着关于印度造糖法的残卷，几经辗转，传到了我的手里。大家都知道，敦煌残卷多为佛经，像这样有关科技的残卷，真可谓是凤毛麟角，绝无仅有。从伯希和起，不知道有多少中外学人想啃这个硬核桃，但都没有能啃开，最后终于落到我手中。我也惊喜欲狂，终于啃开了这个硬核桃。详情我在前面已经写过，这里不再重复。

时隔不久，我又写了一篇《蔗糖的制造在中国始于何时》的论文。这篇文章的意义，不在于它确定了中国制造蔗糖的时间，而在于它指出中国在唐代以前已经能够自制蔗糖了。唐太宗派人到印度去学习制糖法，不过表示当时印度在制糖技术的某一方面有高于中国之处。中国学习的结果是，自己制造出来的糖“色味逾西域远甚”。文化交流的历史往往如此。在以后的长时间内，中印在制糖方面还是互相学习的。下面还要谈到这个问题。

到了 1982 年，我又写了一篇《对〈一张有关印度制糖法传入中国的敦煌残卷〉的一点补充》。补充不牵涉重大问题。到了 1983 年，我写了一篇《古代印度砂糖的制造和使用》。促成我写这篇文章的原因是德国学者 O. von Hinüber 的一篇关于古代印度制糖术的文章。Von Hinüber 的文章引用了一些佛典中的资料，但显得十分不够。我于是也主要使用汉译佛典中的资料，写成此文；资料比德国学者的文章丰富得多了，我们对于古代印度制糖术的了解也充实得多了。到了 1987 年，我又写了一篇文章《cīnī 问题——中印文化交流的一个例证》，讲的是中国白砂糖传入印度的问题。糖本是一件小东西，然而在它身上却驮着长达一千多年的中印两国文化交流的历史。同年，我还有一篇文章《唐太宗与摩揭陀——唐代印度制糖术传入中国的问题》。文章的内容上面已经屡次提到这里不再重复。我在这篇文章里只是更有系统地、更深入地、更详尽地叙述传入的过程而已。

上面提到的这一些文章，加上以后所写的一些文章，我都搜集了起来，准备结集成一部《糖史》。据我所知，迄今世界上只有两部完整的《糖史》，一本是 Von Lippmann 的，一本是 Deerr 的，一德一英，我在上面都已经提到过。二书的写法不尽相同，德文的谨严可靠，材料也丰富。英文的则差一点。二书都引用过中国资料，英文的引用时错误多而可笑，可见作者对中国以及中国材料是颇为陌生的。我的《糖史》既然后出，应当做到“后来居上”。至于我做到了没有，则不敢说。反正我除了参考以上两书外，有些东西我不再重复，我的重点是放在中国蔗糖史上，在我的《糖史》成书时，编为上编，国内编。我不讲饴糖，因为在饴糖制造方面，不存在国际交流的问题。我的第二个重点是文化交流，在蔗糖制造方面的国际交流。这方面的文章在成集时，我编为下编，国际编。上编已收入我主编的《东方文化集成》中，改名为《文化交流的轨迹——中华蔗糖史》，已于 1997 年由经济日报出版社出版；将来出《季羡林文集》时，仍恢复原名：《糖史·上编·国内编》。

我现在想讲一讲我写《糖史》搜集资料的情况。写文章引用别人的著作甚至观点，是决不可避免的，但必须注明出处，这是起码的学术道德，我决不敢有违。如果想开辟一个新领域，创造一个新天地，那就必须自找新材料，偷懒是万万不容许的。我自知不是大鹏，而只是一只鷦鷯，不敢做非分想，只能低低地飞。即使是大鹏，要想开辟新天地，也必付出巨大的劳动，想凭空“抟扶摇而上者九万里”，其结果必然是一个跟头栽下来，丢人现眼，而且还是飞得越高，跌得越重。搜集资料，捷径是没有的，现有的“引得”之类，作用有限。将来有朝一日，把所有的古书都输入电脑，当然会方便得多。可是目前还做不到。我只有采用一个最原始、最笨、可又决不可避免的办法，这就是找出原书，一行行，一句句地读下去，像砂里淘金一样，搜寻有用的材料。我曾经从 1993 年至 1994 年用了差不多两年的时间，除了礼拜天休息外，每天来回跋涉五六里路跑一趟北大图书馆，风雨无阻，寒暑不辍。我面对汪洋浩瀚的《四库全书》和插架盈楼的书山书海，枯坐在那里，夏天要忍受书库三十五六摄氏度的酷暑，挥汗如雨，耐心地看下去。有时候偶尔碰到一条有用的资料，便欣喜如获至宝。但有时候也枯坐半个上午，把白内障尚不严重的双眼累得个“一佛出世，二佛升天”，却找不到一条有用的材料，嗒然拖着疲惫的双腿，走回家来。经过了两年的苦练，我炼就一双火眼金睛，能目下不是十行，二十行，而是目下一页，而遗漏率却小到几乎没有的程度。

我的《糖史》就是在这样的情况下写成的。

抓住一个问题终生不放

根据我个人的观察，一个学人往往集中一段时间，钻研一个问题，搜集极勤，写作极苦。但是，文章一旦写成，就把注意力转向另外一个题目，已经写成和发表的文章就不再注意，甚至逐渐遗忘了。我自己这个毛病比较少。我往往抓住一个题目，得出了结论，写成了文章；但我并不把它置诸脑后，而是念念不忘。我举几个例子。

我于 1947 年写过一篇论文《浮屠与佛》，用汉文和英文发表。但是限于当时的条件，其中包括外国研究水平和资料，文中有几个问题勉强得到解决，自己并不满意，耿耿于怀者垂

“我曾经从1993年至1994年用了差不多两年的时间，除了礼拜天休息外，每天来回跋涉五六里路跑一趟北大图书馆，风雨无阻，寒暑不辍。”

四十余年，一直到1989年，我得到了新材料，又写了一篇《再谈“浮屠”与“佛”》，解决了那一个悬而未决的问题，心中极喜。最令我欣慰的是，原来看似极大胆的假设竟然得到了证实，心中颇沾沾自喜，对自己的研究更增强了信心。觉得自己的“假设”确够“大胆”，而“求证”则极为“小心”。

第二个例子是关于佛典梵语中 -aṃ ＞o 和u 的几篇文章。1944年我在德国哥廷根写过一篇论文，谈这个问题，引起了国际上一些学者的注意。有人，比如美国的 F. Edgerton，在他的巨著《混合梵文文法》中多次提到这个音变现象。最初坚决反对，提出了许多假说，但又前后矛盾，不能自圆其说，最后，半推半就，被迫承认，却又不干净利落，窘态可掬；因此引起了我对此人的鄙视。回国以后，我连续写了几篇文章，对 Edgerton 加以反驳，但在我这方面，我始终没有忘记进一步寻找证据，进一步探索。这些情况我在上面的叙述中都已经谈到过。由于资料缺乏，一直到了1990年，上距1944年已经过了四十六年，我才又写了一篇比较重要的论文《新疆古代民族语言中语尾 -aṃ ＞u 的现象》。在这里，我用了大量的新资料，证明了我第一篇论文的结论完全正确，无懈可击。

例子还能举出一些来。但是，我觉得，这两个也就够了。我之所以不厌其烦地谈论这个问题，是因为我看到有一些学者，在某一个时期集中精力研究一个问题，成果一出，立即罢手。我不认为这是正确的做法。学术问题，有时候一时难以下结论，必须锲而不舍，终生以之，才可能得到越来越精确可靠的结论。有时候，甚至全世界都承认其为真理的学说，时过境迁，还有人提出异议。听说，国外已有学者对达尔文的“进化论”提出了不同的看法。我认为，这不是坏事，而是好事，真理的长河是永远流逝不停的。

搜集资料必须有竭泽而渔的气魄

对研究人文社会科学的人来说，资料是最重要的。在旧时代，虽有一些类书之类的书籍，可供搜集资料之用，但作用毕竟有限。一些饱学之士主要靠背诵和记忆。后来有了索引（亦称引得），范围也颇小。到了今天，可以把古书输入电脑，这当然方便多了，但是已经输入电脑的书，为数还不太多，以后会逐渐增加的。到了大批的古书都能输入电脑的时候，搜集资料，竭泽而渔，便易如反掌了。那时候的工作重点便由搜集转为解释，工作也不能说是很轻松的。

我这一生，始终从事人文社会科学的研究工作。我搜集资料始终还是靠老办法、笨办法、死办法。只有一次尝试利用电脑，但可以说是毫无所得，大概是那架电脑出了毛病。因此我只能用老办法，一直到我前几年集中精力写《糖史》时，还是靠自己一页一页地搜寻的办法。关于这一点，我在上面已经谈到过，这里不再重复了。

不管用什么办法，搜集资料决不能偷懒，决不能偷工减料，形象的说法就是要有竭泽而渔的魄力。在电脑普遍使用之前，真正做到百分之百的竭泽而渔，是根本不可能的。但是，我们至少也必须做到广征博引，巨细不遗，尽可能地把能搜集到的资料都搜集在一起。科学研究工作没有什么捷径，一靠勤奋，二靠个人的天赋，而前者尤为重要。我个人认为，学者的大忌是仅靠手边一点搜集到的资料，就茫然作出重大的结论。我生平有多次经验，或者毋宁说是教训，我对一个问题作出了结论，甚至颇沾沾自喜，认为是不刊之论。然而，多半是出于偶然的机会，又发现了新资料，证明我原来的结论是不全面的，或者甚至是错误的。因此，我时时提醒自己，千万不要重蹈覆辙。

总之，一句话：搜集资料越多越好。

我的考证

我在上面叙述中，甚至在“总结”的“学术研究发展的轨迹——由考证到兼顾义理”中，都谈到了考证，但仍然觉得意犹未竟，现在再补充谈一谈“我的考证”。

考证并不是什么神秘的东西，把它捧到天上去，无此必要；把它贬得一文不值，也并非实事求是的态度。清代的那一些考据大师，穷毕生之力，从事考据，给我们带来了极大的好处；好多古书，原来我们读不懂，或者自认为读懂而实未懂，通过他们对音训词句的考据，我们能读懂了。这难道说不是极大的贡献吗？即使不是考据专家，凡是从事人文社会科学研究工作的学者，有时候会引征一些资料，对这些资料的真伪迟早都要进行一些必要的考证工作。这些几乎近于常识的事情，不言而喻。因此，我才说，考证不是什么神秘的东西，而且考证之学不但中国有，外国也是有的。科学研究工作贵在求真，而考据正是达到这个目的的手段，焉能分什么国内国外？

至于考证的工拙精粗，完全决定于你的学术修养和思想方法。少学欠术的人，属于马大哈一类的人，是搞不好考证工作的。死板僵硬，墨守成规，不敢越前人雷池一步的人，也是搞不好考证的。在这里，我又要引用胡适先生的两句话：“大胆的假设，小心的求证。”假设，胆越大越好。哥白尼敢于假设地球能转动，胆可谓大矣。然而只凭大胆是不行的，必须还有小心的求证。求证，越小心越好。这里需要的是极广泛搜集资料的能力，穷极毫末分析资料的能力，坚韧不拔、锲而不舍的精神，然后得出的结论才能比较可靠。这里面还有一个学术道德或学术良心的问题，下一节再谈。

在考证方面，在现代中外学人中，我最佩服的有两位：一位是我在德国的太老师 Heinrich Lüders，一位是我在中国的老师陈寅恪先生。他们两位确有共同的特点。他们能在一般人都能读到的普通的书中，发现别人看不到的问题，从极平常的一点切入，逐步深入，分析细致入微，如剥春笋，层层剥落，越剥越接近问题的核心，最后画龙点睛，一笔点出关键，也就是结论；简直如“石破天惊逗秋雨”，匪夷所思，然而又铁证如山。此时我简直如沙漠得水，酷暑饮冰，凉沁心肺，毛发直竖，不由得你不五体投地。

上述两位先生都不是为考证而考证，他们的考证中都含有“义理”。我在这里使用“义理”二字，不是清人的所谓“义理”，而是通过考证得出规律性的东西，得出在考证之外的某一种结论。比如 Heinrich Lüders 通过考证得出了，古代印度佛教初起时，印度方言林立，其中东部有一种古代半摩揭陀语，有一部用这种方言纂成的所谓“原始佛典”(Urkanon)，当然不可能是一部完整的大藏经，颇有点类似中国的《论语》。这本来是常识一类的事实。然而当今反对这个假说的人，一定把 Urkanon 理解为“完整的大藏经”，真正是不可思议。陈寅恪先生的考证文章，除了准确地考证史实之外，都有近似“义理”的内涵。他特别重视民族与文化的问题，这也是大家所熟悉的。我要郑重声明，我决不是抹煞为考证而考证的功绩。钱大昕考出中国古无轻唇音，并没有什么“义理”在内；但却是不刊之论，这是没有人不承认的。类似的例子还可以举出不少来，足证为考证而考证也是有其用处的、不可轻视的。

但是，就我个人而言，我的许多考证的文章，却只是手段，而不是目的。比如，我考证出汉文的“佛”字是 pat、but 的音译；根据这一个貌似微末的事实，我就提出了佛教如何传入中国的问题。我自认是平生得意之作。

学术良心或学术道德

“学术良心”，好像以前还没有人用过这样一个词，我就算是“始作俑者”吧。但是，如果“良心”就是儒家孟子一派所讲的“人之初，性本善”中的“性”的话，我是不信这样的“良心”的。人和其他生物一样，其“性”就是“食、色，性也”的“性”；其本质是一要生存，二要温饱，三要发展。人的一生就是同这种本能作斗争的一生。有的人胜利了，也就是说，既要自己活，也要让别人活，他就是一个合格的人。让别人活的程度越高，也就是为别人着想的程度越高，他的“好”，或“善”，也就越高。“宁要我负天下人，不要天下人负我”，是地道的坏人，可惜的是，这样的人在古今中外并不少见。有人要问：既然你不承认人性本善，你这种想法是从哪里来的呢？对于这个问题，我还没有十分满意的解释。《三字经》上的两句话“性相近，习相远”中的“习”字似乎能回答这个问题。一个人过了幼稚阶段，有意识地或无意识地会感到，人类必须互相依存，才都能活下去。如果一个人只想到自己，或都是绝对地想到自己，那么，社会就难以存在，结果谁也活不下去。

这话说得太远了，还是回头来谈“学术良心”或者学术道德。学术涵盖面极大，文、理、工、农、医，都是学术。人类社会不能无学术，无学术，则人类社会就不能前进，人类福利就不能提高；每个人都是想日子越过越好的，学术的作用就在于能帮助人达到这个目的。大家常说，学术是老老实实的东西，不能掺半点假。通过个人努力或者集体努力，老老实实地做学问，得出的结果必须是实事求是的。这样做，就算是有学术良心。剽窃别人的成果，或者为了沽名钓誉创造新学说或新学派而篡改研究真相，伪造研究数据。这是地地道道的学术骗子。在国际上和我们国内，这样的骗子亦非少见。这样的骗局绝不会隐瞒很久的，总有一天真相会大白于天下的。许多国家都有这样的先例。真相一旦暴露，不齿于士林，因而自杀者也是有过的。这种学术骗子，自古已有，可怕的是于今为烈。我们学坛和文坛上的剽窃大案，时有所闻，我们千万要引为鉴戒。

这样明目张胆的大骗当然是绝不允许的。还有些偷偷摸摸的小骗，也不能不引起我们的戒心。小骗局花样颇为繁多，举其荦荦大者，有以下诸种：在课堂上听老师讲课，在公开学术报告中听报告人讲演，平常阅读书刊杂志时读到别人的见解，认为有用或有趣，于是就自己写成文章，不提老师的或者讲演者的以及作者的名字，仿佛他自己就是首创者，用以欺世盗名，这种例子也不是稀见的。还有有人在谈话中告诉了他一个观点，他也据为己有，这都是没有学术良心或者学术道德的行为。

我可以无愧于心地说，上面这些大骗或者小骗，我都从来没有干过，以后也永远不会干。

我在这里补充几点梁启超在他所著的《清代学术概论》中谈到的清代正统派的学风的几个特色："隐匿证据或曲解证据，皆认为不德。""凡采用旧说，必明引之，剿说认为大不德。"这同我在上面谈的学术道德（梁启超的"德"）完全一致。可见清代学者对学术道德之重视程度。

此外，梁启超上书中还举了一点特色："孤证不为定说。其无反证者姑存之。得有续证，则渐信之。遇有力之反证则弃之。"可以补充在这里，也可以补充在上一节中。

勤奋、天才（才能）与机遇

人类的才能，每个人都有所不同，这是大家都看到的事实，不能不承认的。但是有一种特殊的才能一般人称之为"天才"。有没有"天才"呢？似乎还有点争论，有点看法的不同。"文化大革命"期间，有一度曾大批"天才"，但其时所批"天才"，似乎与我现在讨论的"天才"不是一回事。根据我六七十年来的观察和思考，有"天才"是否定不了的，特别在音乐和绘画方面。你能说贝多芬、莫扎特不是音乐天才吗？即使不谈"天才"，只谈才能，人与人之间也是相差十分悬殊的。就拿教梵文来说，在同一个班上，一年教下来，学习好的学生能够教学习差的而有余。有的学生就是一辈子也跳不过梵文这个龙门。这情形我在国内外都见到过。

拿做学问来说，天才与勤奋的关系究竟如何呢？有人说："九十九分勤奋，一分神来（属于天才的范畴）。"我认为，这个百分比应该纠正一下。七八十分的勤奋，二三十分的天才

（才能），我觉得更符合实际一点。我丝毫也没有贬低勤奋的意思。无论干哪一行的，没有勤奋，一事无成。我只是感到，如果没有才能而只靠勤奋，一个人发展的极限是有限度的。

现在，我来谈一谈天才、勤奋与机遇的关系问题。我记得六十多年前在清华大学读西洋文学时，读过一首英国诗人 Thomas Gray 的诗，题目大概是叫《乡村墓地哀歌（Elegy）》，诗的内容，时隔半个多世纪，全都忘了，只有一句还记得："在墓地埋着可能有莎士比亚。"意思是指，有莎士比亚天才的人，老死穷乡僻壤间。换句话说，他没有得到"机遇"，天才白白浪费了。上面讲的可能有张冠李戴的可能；如果有的话，请大家原谅。

总之，我认为，"机遇"（在一般人嘴里可能叫做"命运"）是无法否认的。一个人一辈子做事，读书，不管是干什么，其中都有"机遇"的成分。我自己就是一个活生生的例子。如果"机遇"不垂青，我至今还恐怕是一个识字不多的贫农，也许早已离开了世界。我不是"王半仙"或"张铁嘴"，我不会算卦、相面，我不想来解释这一个"机遇"问题，那是超出我的能力的事。

满招损，谦受益

这本来是中国一句老话，来源极古，《尚书·大禹谟》中已经有了，以后历代引用不辍，一直到今天，还经常挂在人民嘴上。可见此话道出了一个真理，经过将近三千年的检验，益见其真实可靠。

这话适用于干一切工作的人，做学问何独不然？可是，怎样来解释呢？

根据我自己的思考与分析，满（自满）只有一种：真。假自满者，未之有也。吹牛皮，说大话，那不是自满，而是骗人。谦（谦虚）却有两种，一真一假。假谦虚的例子，真可以说是俯拾即是。故作谦虚状者，比比皆是。中国人的“菲酌”“拙作”之类的词，张嘴即出。什么“指正”“斧正”“晒正”之类的送人自己著作的谦词，谁都知道是假的；然而谁也必须这样写。这种谦词已经深入骨髓，不给任何人留下任何印象。日本人赠人礼品，自称“粗品”者，也属于这一类。这种虚伪的谦虚不会使任何人受益。西方人无论如何也是不能理解的。为什么拿“菲酌”而不拿盛宴来宴请客人？为什么拿“粗品”而不拿精品送给别人？对西方人简直是一个谜。

我们要的是真正的谦虚，做学问更是如此。如果一个学者，不管是年轻的，还是中年的、老年的，觉得自己的学问已经够大了，没有必要再进行学习了，他就不会再有进步。事实上，不管你搞哪一门学问，决不会有搞得完全彻底一点问题也不留的。人即使能活上一千年，也是办不到的。因此，在做学问上谦虚，不但表示这个人有道德，也表示这个人是实事求是的。听说康有为说过，他年届三十，天下学问即已学光。仅此一端，就可以证明，康有为不懂什么叫学问，现在有人尊他为“国学大师”，我认为是可笑的。他至多只能算是一个革新家。

在当今中国的学坛上，自视甚高者，所在皆是；而真正虚怀若谷者，则绝无仅有。我不认为这是一个好现象。有不少年轻的学者，写过几篇论文，出过几册专著，就傲气凌人。这不利于他们的进步，也不利于中国学术前途的发展。

我自己怎样呢？我总觉得自己不行。我常常讲，我是样样通，样样松。我一生勤奋不辍，天天都在读书写文章，但一遇到一个必须深入或更深入钻研的问题，就觉得自己知识不够，有时候不得不临时抱佛脚。人们都承认，自知之明极难；有时候，我却觉得，自己的“自知之明”过了头，不是虚心，而是心虚了。因此，我从来没有觉得自满过。这当然可以说是一个好现象。但是，我又遇到了极大的矛盾：我觉得真正行的人也如凤毛麟角。我总觉得，好多学人不够勤奋，天天虚度光阴。我经常处在这种心理矛盾中。别人对我的赞誉，我非常感激；但是，我并没有被这些赞誉冲昏了头脑，我头脑是清楚的。我只劝大家，不要全信那一些对我赞誉的话，特别是那些顶高得惊人的帽子，我更是受之有愧。

没有新意，不要写文章

在芸芸众生中，有一种人，就是像我这样的教书匠，或者美其名，称之为“学者”。我们这种人难免不时要舞笔弄墨，写点文章的。根据我的分析，文章约而言之可以分为两大类：一是被动写的文章，一是主动写的文章。

所谓“被动写的文章”，在中国历史上流行了一千多年的应试的“八股文”和“试帖诗”，就是最典型的例子。这种文章多半是“代圣人立言”的，或者是“颂圣”的，不许说自己真正想说的话。换句话说，就是必须会说废话。记得鲁迅在什么文章中举了一个废话的例子：“夫天地者乃宇宙之乾坤，吾心者实中怀之在抱。久矣夫，千百年来已非一日矣。”（后面好像还有，我记不清楚了。）这是典型的废话，念起来却声调铿锵。“试帖诗”中也不乏好作品，唐代钱起咏湘灵鼓瑟的诗，就曾被朱光潜先生赞美过，而朱先生的赞美又被鲁迅先生讽刺过。到了今天，我们被动写文章的例子并不少见。我们写的废话，说的谎话，吹的大话，这是到处可见的。我觉得，有好多文章是大可以不必写的，有好些书是大可以不必印的。如果少印刷这样的文章，出版这样的书，则必然能够少砍伐些森林，少制造一些纸张；对保护环境、保持生态平衡，会有很大的好处的；对人类生存的前途也会减少危害的。

至于主动写的文章，也不能一概而论，仔细分析起来，也是五花八门的。有的人为了提职，需要提交“著作”，于是就赶紧炮制；有的人为了成名成家，也必须有文章，也努力炮制。对于这样的人，无需深责，这是人之常情。炮制的著作不一定都是“次品”，其中也不乏优秀的东西。像吾辈“爬格子族”的人们，非主动写文章以赚点稿费不行，只靠我们的工资，必将断炊。我辈被“尊”为教授的人，也不例外。

在中国学术界里，主动写文章的学者中，有不少的人学术道德是高尚的。他们专心一致，唯学是务，勤奋思考，多方探求。写出来的文章尽管有点参差不齐；但是他们都是值得钦佩、值得赞美的，他们是我们中国学术界的脊梁。

真正的学术著作，约略言之，可以分为两大类：单篇的论文与成本的专著。后者的重要性不言自明。古今中外的许多大部头的专著，像中国汉代司马迁的《史记》、宋代司马光的《资治通鉴》等等，都是名垂千古、辉煌璀璨的巨著，是我们国家的瑰宝。这里不再详论。我要比较详细地谈一谈单篇论文的问题。单篇论文的核心是讲自己的看法、自己异于前人的新意，要发前人未发之覆。有这样的文章，学术才能一步步、一代代向前发展。如果写一部专著，其中可能有自己的新意，也可能没有。因为大多数的专著是综合的、全面的叙述，即使不是自己的新意，也必须写进去，否则就不算全面。论文则没有这种负担，它的目的不是全面，而是深入，而是有新意，它与专著的关系可以说是相辅相成的。

我在上面几次讲到“新意”，“新意”是从哪里来的呢？有的可能是从天上掉下来的，是出于“灵感”，比如传说中牛顿因见苹果落地而悟出地心吸力。但我们必须注意，这种灵感不是任何人都能有的。牛顿一定是很早就考虑这类的问题，昼思夜想，一旦遇到相应的时机，便豁然顿悟。吾辈平凡的人，天天吃苹果，只觉得它香脆甜美，管它什么劳什子“地心吸力”干吗！在科学技术史上，类似的例子还可以举出不少来，现在先不去谈它了。

在以前极“左”思想肆虐的时候，学术界曾大批“从杂志缝里找文章”的做法，因为这样就不能“代圣人立言”；必须心中先有一件先入为主的教条的东西要宣传，这样的文章才合乎程式。有“学术新意”是触犯“天条”的。这样的文章一时间滔滔者天下皆是也。但是，这样的文章印了出来，再当作垃圾卖给收破烂的（我觉得这也是一种“白色垃圾”），除了浪费纸张以外，丝毫无补于学术的进步。我现在立一新义：在大多数情况下，只有到杂志缝里才能找到新意。在大部头的专著中，在字里行间，也能找到新意，旧日所谓“读书得间”，指的就是这种情况。因为，一般说来，杂志上发表的文章往往只谈一个问题、一个新问题，里面是有新意的。你读过以后，受到启发，举一反三，自己也产生了新意，然后写成文章，让别的学人也受到启发，再举一反三。如此往复循环，学术的进步就寓于其中了。

可惜——是我觉得可惜——眼前在国内学术界中，读杂志的风气，颇为不振。不但外国的杂志不读，连中国的杂志也不看。闭门造车，焉得出而合辙？别人的文章不读，别人的观点不知，别人已经发表过的意见不闻不问，只是一味地写去写去。这样怎么能推动学术前进呢？更可怕的是，这个问题几乎没有人提出。有人空喊“同国际学术接轨”。不读外国同行的新杂志和新著作，你能知道“轨”究竟在哪里吗？连“轨”在哪里都不知道，空喊“接轨”，不是天大的笑话吗？

对待不同意见的态度

端正对待不同意见（我在这里指的只是学术上不同的意见）的态度，是非常不容易办到的一件事。中国古话说：“良药苦口利于病，忠言逆耳利于行”，可见此事自古已然。

我对于学术上不同的观点，最初也不够冷静。仔细检查自己内心的活动，不冷静的原因决不是什么面子问题，而是觉得别人的思想方法有问题，或者认为别人并不真正全面地实事求是地了解自己的观点，自己心里十分别扭，简直是堵得难受，所以才不能冷静。

最近若干年来，自己在这方面有了进步。首先，我认为，普天之下的芸芸众生，思想方法就是不一样，五花八门，无奇不有。这是正常的现象，正如人与人的面孔也不能完完全全一模一样相同。要求别人的思想方法同自己一样，是一厢情愿，完全不可能的，也是完全不必要的。其次，不管多么离奇的想法，其中也可能有合理之处。采取其合理之处，扬弃其不合理之处，是唯一正确的办法。至于有人无理攻击，也用不着真正的生气。我有一个怪论：一个人一生不可能没有朋友，也不可能没有非朋友。我在这里不用“敌人”这个词，而用“非朋友”，是因为非朋友不一定就是敌人。最后，我还认为，个人的意见不管一时觉得多么正确，其实这还是一个未知数。时过境迁，也许会发现它并不正确，或者不完全正确。到了此时，必须有勇气公开改正自己的错误意见。梁任公说：“不惜以今日之我，攻昨日之我。”这是光明磊落的真正学者的态度。最近我编《东西文化议论集》时，首先自己亮相，把我对“天人合一”思想的“新解”（请注意“新解”中的“新”字）和盘托出，然后再把反对我的意见的文章，只要能搜集到的，都编入书中，让读者自己去鉴别分析。我对广大的读者是充分相信的，他们能够明辨是非。如果我采用与此相反的方式：打笔墨官司，则对方也必起而应战。最初，双方或者还能克制自己，说话讲礼貌，有分寸。但是笔战越久，理性越少，最后甚至互相谩骂，人身攻击。到了这个地步，谁还能不强词夺理、歪曲事实呢？这样就离开真理越来越远了。中国学术史上这样的例子颇为不少。我前些时候在上海《新民晚报》“夜光杯”副刊上写过一篇短文：《真理越辨越明吗？》。我的结论是：在有些时候，真理越辨（辩）越糊涂。是否是真理，要靠实践，兼历史和时间的检验。可能有人认为我是在发怪论，我其实是有感而发的。

必须中西兼通，中西结合，地上文献与地下考古资料相结合

这一节其实都是“多余的话”，可以不必写的。可我为什么又写了呢？因为，经过多年的观察，我发现，在中国学者群

中，文献与考古相结合多数学者是做到了。但是，中外结合这一点则做得很不够。我在这里不用“中西”，而用“中外”，是包括日本在内的，并非笔误。

我个人认为，居今之世而言治学问，决不能坐井观天。今天已经不是乾嘉时代了。许多学术发达的外国，科学、技术，灿然烂然；人文社会科学方面，也已达到了相当高的水平。我们中国学者，包括专治中国国学的在内，对外国的研究动向和研究成果，决不能视若无睹。那样不利于我们自己学问的进步，也不利于国与国之间的学术文化交流。可是，令人十分遗憾的是，国内学术界确有昧于国外学术界情况的现象。年老的不必说，甚至连一些中年或青年学者，也有这种现象。我觉得，这种情况必须尽快改变。否则，有人慨叹中国一些学科在国际上没有声音，这不能怪别人，只能怪自己。说汉语的人虽然数目极大，可惜外国人不懂。我们的汉语还没有达到今天英语的水平。你无论怎样“振大汉之天声”，人家只是瞠目摇头。在许多国际学术的讨论会上，出席的一些中国学者，往往由于不通外语，首先在大会上不能自己用外语宣读论文，其次在会议间歇时或联欢会上，孑然孤立，窘态可掬。因此，我希望我们年轻的学者，不管你是哪一门、哪一科，尽快掌握外语。只有这样，中国的声音才能传向全球。

研究、创作与翻译并举

这完全是对我自己的总结，因为这样干的人极少。

我这样做，完全是环境造成的。研究学问是我毕生兴趣之所在，我的几乎是全部的精力也都用在了这上面。但是，在济南高中读书时期，我受到了胡也频先生和董秋芳（冬芬）先生的影响和鼓励；到了清华大学以后，又受到了叶公超先生、沈从文先生和郑振铎先生的奖励，就写起文章来。我写过一两首诗，现在全已逸失。我不愿意写小说，因为我厌恶虚构的东西。因此，我只写散文，六十多年来没有断过。人都是爱虚荣的，我更不能例外。我写的散文从一开始就受到了上述诸先生的垂青，后来又逐渐得到了广大读者的鼓励。我写散文不间断的原因，说穿了，就在这里。有时候，搞那些枯燥死板的学术研究疲倦了，换一张桌子，写点散文，换一换脑筋。就像是磨刀一样，刀磨过之后，重又锋利起来，回头再搞学术研究，重新抖擞，如虎添翼，奇思妙想，纷至沓来，亦人生一乐也。我自知欠一把火，虽然先后成为中国作家协会的会员、理事、顾问，我从来不敢以作家自居。在我眼中，作家是“神圣”的名称，是我崇拜的对象，我哪里敢鱼目混珠呢？

至于搞翻译工作，那完全是出于无奈。我于 1946 年从德国回国以后，我在德国已经开了一个好头的研究工作，由于国内资料完全缺乏，被迫改弦更张。当时内心极度痛苦。除了搞行政工作外，我是一个闲不住的人，我必须找点工作干，我指的是写作工作。写散文，我没有那么多真情实感要抒发。我主张散文是不能虚构的，不能讲假话的；硬往外挤，卖弄一些花里胡哨的辞藻，我自谓不是办不到，而是耻于那样做。想来想去，眼前只有一条出路，就是搞翻译。我从德国的安娜·西格斯的短篇小说译起，一直扩大到梵文和巴利文文学作品。最长最重要的一部翻译是印度两大史诗之一的《罗摩衍那》。这一部翻译的产生是在我一生最倒霉、精神最痛苦的时候。当时“文化大革命”还没有结束，我虽然已经被放回家中；北大的“黑帮大院”已经解散，每一个“罪犯”都回到自己的单位，群众专政，监督劳改；但是我头上那一摞莫须有的帽子，似有似无，似真似假，还沉甸甸地压在那里。我被命令掏大粪，浇菜园，看楼门，守电话，过着一个“不可接触者”的日子。我枯坐门房中，除了传电话，分发报纸信件以外，实在闲得无聊。心里琢磨着找一件会拖得很长，但又绝对没有什么结果的工作，以消磨时光，于是就想到了长达两万颂的《罗摩衍那》。从文体上来看，这部大史诗不算太难，但是个别地方还是有问题有困难的。在当时，这部书在印度有不同语言的译本，印度以外还没有听到有全译本，连英文也只有一个编译本。我碰到困难，无法解决，只有参考也并不太认真的印地文译本。当时极“左”之风尚未全息，读书重视业务，被认为是“修正主义”。何况我这样一个半犯人的人，焉敢公然在门房中摊开梵文原本翻译起来，旁若无人。这简直是在太岁头上动土，至少也得挨批斗五次。我哪里有这个勇气！我于是晚上回家，把梵文译为汉文散文，写成小纸条，装在口袋里。白天枯坐门房中，脑袋里不停地思考，把散文改为有韵的诗。我被进一步解放后，又费了一两年的时间，终于把全书的译文整理完。后来时来运转，受到了改革开放之惠，人民文学出版社全文出版，这是我事前绝对没有妄想过的。

我常常想，如果没有“文化大革命”，如果我没有成为“不可接触者”，则必终日送往迎来，忙于行政工作，《罗摩衍那》是绝对翻译不出来的。有人说：坏事能变成好事，信然矣。人事纷纭，因果错综，我真不禁感慨系之了。

“总结”暂时写到这里。有几点需要说明一下：

第一，这本书是以回忆我这一生六七十年来的学术研究的内容为主轴线来写作的，它不是一般的《自述》，连不属于狭义的学术研究范围的文学创作和文学翻译，都不包括在里面。目的无它，不过求其重点突出、线索分明而已。但是，考虑到文学创作与文学翻译与学术研究工作毕竟是紧密相联的，所以在“总结”的最后又加上了一节。

第二，《自述》本来打算而且也应该写到 1997 年的。但是，正如我在上面说到过的那样，我是越老工作干得越多，文章写得也多，头绪纷繁，一时难以搜集齐全，“自述”写起来也难，而且交稿有期，完成无日。考虑了好久，终于下定决心，1994 年以后的“学术回忆录”以后再写，现在暂时告一段落。

第三，但是，我在这里却遇到了矛盾。按理说，“自述”写到哪一年，“总结”也应该做到哪一年。可是，事实上，却难以做到，“自述”可以戛然而止，而“总结”则难以办到。许多工作是有连续性的。“总结”必须总结一个全过程，不能说停就停。因此，同这部《自述》不能同步进行，“总结”一直写到眼前。将来“自述”写到 1997 年时，“总结”不必改动，还会是适合的、有用的。

第四，“总结”的目的是总结经验和教训的。我这一生活得太长，活干得太多，于是经验和教训就内容复杂，头绪纷纭。我虽然绞尽了脑汁，方方面面，都努力去想。但是，我却一点把握也没有，漏掉的东西肯定还会有的。在今后继续写“学术自述”的过程中，只要我想到还有什么遗漏，我在“自述”暂告——只能暂告，我什么时候给生命划句号，只有天知道——结束时，我还会补上的。

本文摘自《学海泛槎——季羡林自述》

精华与糟粕

最近几十年来，中国文史界有一个口头语，叫做“批判继承”。说详细一点，就是对中国古代文化要“一分为二”，分清精华与糟粕，继承前者而批判后者。口号一出，天下翕然从之，几乎是每人必讲，每会必讲，无有表异议者，仿佛它是先验的，用不着证明。

但是，究竟什么叫做“精华”，什么又叫做“糟粕”呢，两者关系又是怎样呢？我——我看别人也一样——从来没有去认真思考过，好像两者泾渭分明，一看就能识别，只要文中一写，会上一说，它就成了六字真言，威力自在。

最近我那胡思乱想的毛病又发作起来，狂悖起来，我又仔细思考了这个问题，苦思之余，豁然开朗，原来这两个表面上看上去像是对立面的东西，不但不是泾渭分明，而是界限不清；尤有甚者，在一定的条件下，双方可以相互向对立面转化。

空口无凭，我举几个例子。孔子和儒学，在九十年前的五四运动时期，肯定被认为是糟粕，不然的话，何能喊出了“打倒孔家店”的口号？然而，时移世迁，到了今天，中国正在努力建设社会主义初级阶段的社会，还有什么人能说孔子和儒学中没有精华呢？这是由糟粕向精华转化的例子。另外一个例子是在改革开放以前思想大混乱的时期中，斗，斗，斗的哲学被认为是天经地义，当然是精华无疑了。然而到了今天怎样了呢？谁敢说它不是糟粕？这是一个从精华转化成糟粕的例子。我认为，这两个例子都是有说服力的，类似的例子还有很多，我不一一列举了。

但是，上面的例子还是过于简单化了一些，古往今来，实际的情况要复杂得多，精华与糟粕互相转化，循环往复，变化多端，想读者定能举一隅而以三隅反的。

这种情况的根源何在呢，我个人的看法是：时代随时在前进，社会随时在变化。每一个时代和每一个社会都有自己的特殊要求，在政治方面，在经济方面，在巩固统治方面，在保持安定团结方面，在发展文化教育方面，在提高人民的文化道德水平方面，等等，都有自己的特殊要求。能满足这个要求的前代或当代的理论、学说或者行动，就是精华，否则就是糟粕。但时代和社会是永不停息地变动着的，一变动就会提出新的要求。以不变应万变的理论、学说或者行动是不能想象的。

我的用意只不过是提醒人们：在讲出这近乎套话的“批判继承”和“要分清精华与糟粕”的时候，要稍稍动一点脑筋，不要让套话变成废话，如此而已。

1999年1月12日

研究学问的三个境界

王国维在他著的《人间词话》里说了一段话：

古今之成大事业大学问者，必经过三种之境界："昨夜西风凋碧树，独上高楼，望尽天涯路。"此第一境也。"衣带渐宽终不悔，为伊消得人憔悴。"此第二境也。"众里寻他千百度，蓦然回首，那人却在灯火阑珊处。"此第三境也。

尽管王国维同我们在思想上有天渊之别，他之所谓"大学问""大事业"，也跟我们了解的不完全一样。但是这一段话的基本精神，我们是可以同意的。

现在我就根据自己一些经验和体会来解释一下王国维的这一段话。

"昨夜西风凋碧树，独上高楼，望尽天涯路。"意思是：在秋天里，夜里吹起了西风，碧绿的树木都凋谢了。树叶子一落，一切都显得特别空阔。一个人登上高楼，看到一条漫长的路，一直引到天边，不知道究竟有多么长。王国维引用这几句词，形象地说明了一个人立志做一件事情时的情景。志虽然已经立定，但是前路漫漫，还看不到什么具体的东西。

说明第二个境界的那几句词引自欧阳修的《蝶恋花》。[①]

---

①"衣带渐宽终不悔，为伊消得人憔悴"出自柳永《蝶恋花》。

王国维只是借用那两句话来说明：在工作进行中，一定要努力奋斗，刻苦钻研，日夜不停，坚持不懈，以致身体瘦削，连衣裳的带子都显得松了。但是，他（她）并不后悔，仍然是勇往直前，不顾自己的憔悴。

在三个境界中，这可以说是关键。根据我自己的体会，立志做一件事情以后，必须有这样的精神，才能成功。无论是在对自然的斗争中，还是在阶级斗争中，要想找出规律，来进一步推动工作，都是十分艰巨的事情。就拿我们从事教育和科学研究工作的人来说吧，搞自然科学的，既要进行细致深入的实验，又要积累资料。搞社会科学的，必须积累极其丰富的资料，并加以细致的分析和研究。在工作中，会遇到层出不穷的意想不到的困难，我们一定要坚忍不拔，百折不回，决不容许有任何侥幸求成的想法，也不容许徘徊犹豫。只有这样，才能得到最后的成功。

工作是艰苦的，工作的动力是什么呢？对王国维来说，工作的动力也许只是个人的名山事业。但是，对我们来说，动力应该是建设社会主义社会和共产主义社会。所以，我们今天的工作动力同王国维时代比起来，真有天渊之别了。

所谓不顾身体的瘦削，只是形象的说法，我们决不能照办。在王国维时代，这样说是可以的。但是到了今天，我们既要刻苦钻研，同时又要锻炼身体。一马万马的关系必须正确处理。

此外，我们既要自己钻研，同时也要兢兢业业地向老师学习。打一个不太确切的比喻，老师和学生一教一学，就好像是接力赛跑，一棒传一棒，跑下去，最后达到目的地。我们之所以要尊师，就是因为老师在一定意义上是跑前一棒的人。一方面，我们要从他手里接棒；另一方面，我们一定会比他跑得远，这就是所谓“青出于蓝，而胜于蓝。”

说明第三个境界的词引自辛弃疾的《青玉案》(元夕)。意思是：到处找他（她），也不知道找了几百遍几千遍，只是找不到。猛一回头，那人原来就在灯火不太亮的地方。中国旧小说常见的“踏破铁鞋无觅处，得来全不费工夫”，表达的也是这个意思。王国维引用这几句词，来说明获得成功的情形。一个人既然立下大志做一件事情，于是就苦干、实干、巧干。但是什么时候才能成功呢？对于这个问题大可以不必过分考虑。只要努力干下去，而方法又对头，干得火候够了，成功自然就会到你身边来。

这三个境界，一般地说起来，是与实际情况相符的。就王国维所处的时代来说，他在科学研究方面所获得的成绩是极其辉煌的。他这一番话，完全出自亲自的体会和经验，因此才这样具体而生动。

到了今天，社会大大地进步了，我们的学习条件大大地改善了，我们的学习动力也完全不一样了；我们都应该立下雄心大志，一定要艰苦奋斗，攀登科学的高峰。

1959 年 7 月

谈踏实做学问

我曾多次声明，我禀性愚鲁，最不擅长也最不喜欢那种抽象到无边无际的甚至是神秘的哲学思考。我喜欢具体的摸得着看得见的东西。我是搞语言研究出身的，做学问喜欢考据，那种有一千个哲学家就有一千种哲学的现象，我认为是非我性之所近。但是，出于我自己也无法解释的原因，我“老夫聊发少年狂”，侈谈东西文化的区别及其对人类生存前途的关系。这已经接近哲学思考，是我原来所不愿谈的。“怪论”一出，反对者有之，赞成者也有之，我细读赵杰的文章，他属于后者。古语云“惺惺惜惺惺”，我在窃喜之余，还是决定写几句话。

我的“怪论”是不能成龙配套的。我讲四大文明体系，又讲东西两大文明体系，还不知天高地厚地讲综合思维模式和分析思维模式，以及“三十年河东，三十年河西”，又“预言”21世纪将是东西文化融合而以东方为主的世纪，最后还讲西方文化以“征服自然”为鹄的，制造了许多弊端，弊端不除，人类生存前途将会异常艰辛，如此等等，不一而足。我名之曰“怪论”，这是以退为进的手法，我自己实际上并不认为有什么“怪”，我认为，人类只要还有理性，就必然会得出这样的结论。

有高人说我论证不足，说老实话，我讨厌你们那一套“哲学”论证，与其说我是在搞哲学，不如说我是在作诗。但是我的诗是现实主义的，不是浪漫主义的，更决不会是什么朦胧

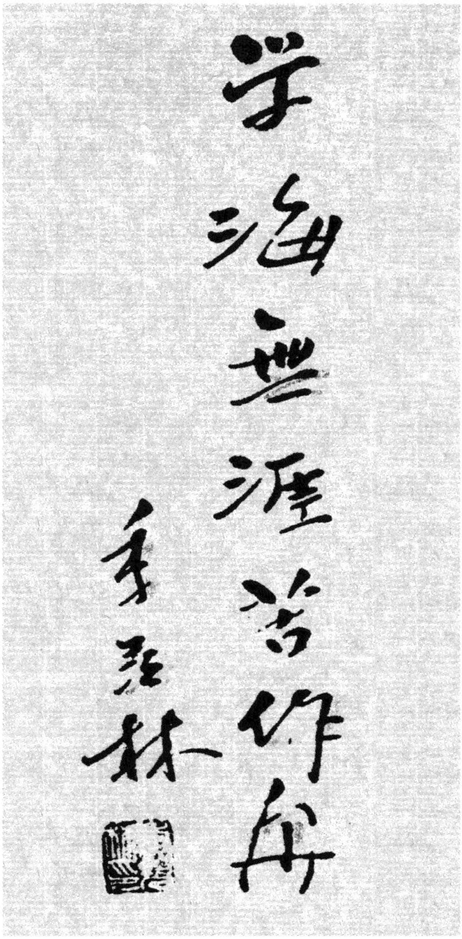

学海无涯苦作舟——季羡林题。

诗。我的这些诗作，击节者有之，厌恶者也有之。对赞成者我感激，对反对者我恭谨阅读他们的文章；但是决不商榷，也不辩论。因为这些议论是非与否，只有将来的历史发展能够裁决，现在人的文章，不管看起来似乎振振有词，高深莫测；但大多仍然都是空话。同空话辩论，“可怜无补费精神”，还不如去打牌，去钓鱼。只是有一位学者的议论，我还是要引一下，目的只在于“奇文共欣赏”。这位学者说：

> 《黄帝内经》成为最高医学，“千年秘方”成为万应灵药。学习古代是学问，研究现代不是学问。“天人合一”“内圣外王”，语词如此冬烘，概念如此陈腐，道学先生竟想用它来教化21世纪。①

请问这一位学者，你懂得什么叫“天人合一”吗？你心目中的“天人合一”是董仲舒的“天人感应”的“天人合一”呢？还是张载的“民胞物与”的“天人合一”？至于“千年秘方”，里面难免有迷信的成分，也决不会缺少老百姓用性命换来的经验。当年鲁迅一笔抹煞中医，为世诟病。不料时至世纪末又见有自命为非“冬烘”的洋冬烘、真正“科学主义”的信徒，挺身出来说出这样非“科学”的话，我确实感到吃惊！

我这一番话有点违离了自己的原则之嫌，赶快打住，还是来谈赵杰的文章。

赵杰教授在《东方文化与东亚民族》中多次谈到要繁荣蒙古学、满族学和韩国学的必要性和重要性。我个人认为，意见

① 《群言》，1999年第6期。

都是切中肯綮的。蒙古民族曾创建过历史上最辽阔的横亘亚欧二洲的大帝国，成为历史上的奇迹。到了近代，蒙古学从欧洲兴起。这门学问研究难度极大，它牵涉到众多的民族和语言，一时成了显学，欧洲颇出了一些著名的蒙古学家。清朝末年，此风传至中国，以洪钧《元史译文证补》为首的许多汉文著作出现了。后来陈寅恪先生也在这方面写过一些论文。一直到今天，研究蒙古史者，尚不乏人。要说有多少独特出众的成绩，那就很难说了。最主要的原因是，我们虽然有掌握汉文资料近水楼台之优势，但通晓与蒙古史有关的众多的语言文字，则远逊西方学者。不用说超过西方学者，就是想同他们比肩，尚有待于我国学者极大的努力。

至于满族学，按理应该说是“吾家事”，中国国境以外没有聚居的满族。但是，研究满族语言、文学、文化、风习等等的学问，在眼前的中国和世界，实在真是不景气。满族一入主中原就开始汉化。虽然有几个皇帝看到了这个危机，努力加以匡正，但似乎收效甚微。我在什么书上读到，汉族大诗人袁子才（枚）太史曾充任教满文的教师，而满族人自己则无满文大学者，实在令人吃惊。反之，满族却出了几个用汉文写作的大文学家，比如纳兰性德等，曹雪芹恐怕也要归入这个范畴。到了近代，清代统治结束，研究满文的学者，更为稀少。西方汉学家中间有旁通满文者，比如德国的 W. Fuchs，Haenisch 等等。日本过去也有专门研究满文的学者，比如今西龙、今西春秋等等。在中国，建国以后范老（文澜）曾开办过满文学习班，敦请当时尚健在的满文老专家授课。后来据说由于老专家谢世，从而停办，后遂无问津者。赵杰同志本人曾在满族学方面下过一些工夫。他的成就，我非内行里手，不敢妄加评断。只是这种精神就值得肯定，希望他能继续努力，万不要浮光掠影，而要下真功夫，庶几能真有所成就。

谈到韩国学，则颇令人气短。南北朝鲜国内研究的情况，我不清楚，不敢乱说。前几年，我曾见到过一本德国学者写的论朝鲜文的著作，洋洋数百页，由于不属于我的研究范围，所以没甚措意，至今连书名、人名都已不复记忆，实在是一件让我自己感到惋惜的事情。据我浅见所及，我们连朝鲜文确切的系属都还没能弄清楚，它可知矣。做好这一件工作，并不容易，应该广泛探讨与朝鲜文有关的古今语言文字，仔细对比，认真加以科学的分析，然后提出初步的大胆的假设，在这个基础上，再继续探讨，最后才能得出比较可靠的结论。这样艰苦的工作，我只有寄希望于好学深思不务虚名的年轻的学者了。

原来只准备写几句话，不意一下笔就不能自已，竟写了这样多，我的用意其实也颇简单。古时欧几里德对一位皇帝说："几何学中没有御道。"我现在移赠青年学者：学问中没有捷径。只有脚踏实地，努力攀登，才能达到科学的顶巅。

1999 年 7 月 14 日

本文为《东方文化与东亚民族》序

我与东方文化研究

我曾在很多地方都说过，在清人所分的三门学问：义理、辞章、考据中，我最不擅长、最不喜欢的是义理，大体上相当于今天的所谓“哲学”。堂而皇之的理由是不多的，我只不过觉得义理这玩意儿太玄秘，太抽象，恍兮惚兮，其中无象，颇有点“公说公有理，婆说婆有理”的味道。为禀赋所限，我喜欢能摸得着看得见的实打实的东西，那种有一千个哲学家就有一千条真理的情况，我的脑筋跟不上。

可是，万万没有想到，我到了耄耋之年，竟然“老年忽发少年狂”，侈谈起了东方文化，谈起了东西方文化的同与异。实际上，这都是属于义理的范畴内的东西，为我以前所不敢谈、所不愿谈者。个中原因，颇有可得而言之者。

我虽然专门从事语言考证以及文化交流的研究工作，但必然会与文化现象有所接触。久而久之，我逐渐隐约感到东方文化确有其特点，东西文化确有其差异之处。适在这同时，我读到了钱宾四（穆）先生的生平最后的一篇文章，我顿有所悟，立即写成了一篇文章《“天人合一”新解》，就发表在本刊上。这篇顿悟之作，颇受到学术界（中外皆有）的关注。同时我又进一步阅读和思考，又写成了《关于“天人合一”思想的再思考》。这时我对东西文化不同之处认得更具体更深入了。而阅读的结果也越来越多地证实了自己的想法。例子太多，不能多举。我只举两个，以概其余。一个是古代的而且是外国的，这就是法国学者（原伊朗裔）阿里·玛扎海里的《丝绸之路——中国波斯文化交流史》。这里面讲到，在伊斯兰运动初期，在阿拉伯和波斯（今伊朗）一带，流传着一种说法：希腊人有一只眼睛，而中国人则有两只眼睛。希腊人只有理论，而中国人有技术。中国人有技术，此话不假。但如果说中国没有理论，则不符事实。这且不去讲他。古希腊可以说是西方文化的代表，而中国则是东方文化的代表。阿拉伯和波斯一带的人，在那样早的时候，就已经看出了东西文化的差异，真不能不令人钦佩其远见卓识。

另一个例子是当前中国的。大数学家吴文俊教授在他为《九章算术》所写的序中提到，在数学方面，中西是颇有不同的。西方古代从公理出发，而中国数学则从问题出发。连在自然科学的基础的数学上，中西都有差异，遑论其他！我们不能不佩服吴文俊先生的远见卓识。

上面两个例子，一个是古代外国的，一个是当前中国自然科学的。这样两个例子都与我们今天的东西文化的讨论或者争论似无关联，然而结论却如此一致，你能说这是偶然的巧合吗？这岂不值得我们深思吗？

其他真正与文化或中西文化有关的言论，比比皆是，中国有，外国也有。而且在中国近现代史上，有关中西文化的大辩论是有过多次的；虽然都没有得到完全一致的结论，但中西文化之有差异，则系不容否定之事实。剩下的问题就是：中西文化之差异究竟何在这一个关键问题了。

上面叙述的过程，在不知不觉中，对我起了作用。它逐渐把我从搞考据的轻车熟路上吸引了出来，走到了另一条以前绝对想不到的侈谈义理之学的道路上来。俗话说："一瓶子醋不响，半瓶子醋晃荡。”在义理之学方面，我是一个“半瓶醋”，这是丝毫也无可怀疑的，但是我有一个好胡思乱想的天性，是优点？是缺点？姑置不论，反正我的“乱想”现在就一变而为“乱响”了。

我想到的问题很多，这几年在许多文章中和座谈会上，我都讲到过。约略言之，可以有以下诸端，性质不同，但都与东西文化有某些关联：第一，汉语语法的研究必须改弦更张。第二，中国通史必须重写。第三，中国文学史必须重写。第四，中国文艺理论必须使用中国国有的术语，采用同西方不同的判断方法，这样才能在国际学坛上发出声音。第五，中国美学研究必须根本“转型”。第六，我认为，西方的基本思维模式是分析的，而中国或其他东方国家则是综合的。第七，西方处理人与大自然的关系的“征服”手段是错误的；中国的“天人合一”的观点是正确的。第八，西方的科学技术，在为世界人民谋福利的同时，产生了众多的弊端甚至灾害。现在如仍不悬崖勒马，则人类生存的前途必受到威胁。第九，东方文化与西方文化的关系是“三十年河东，三十年河西”。这一切还仅仅只能算是荦荦大者。你看，这些重重怪论，累累奇思，怎能不引起人们的关注？我这个半瓶醋岂非过分狂妄不自量力了吗？我决无意哗众取宠，我多年的胡思乱想让我不得不写。不管别人如何骇怪，我则深信不疑。

在骇异声中，赞同我的看法者有之，反对我的看法者有之，不知是赞同还是反对者亦有之。对于这些必然会出现的反应，我一律泰然处之。赞同者我当然会喜，反对者我决不会怒。我曾编选过两册《东西文化议论集》，收入我主编的大型丛书《东方文化集成》中。我曾为该书写过一篇序，说明了我的想法。我不称此书为“辩论集”，也不称之为“争论集”，而只称之为“议论集”，意思就是我在该书序中所说的：“我认为，居今而谈21世纪，不是一个理论问题，而是一个文学创作问题，创作的就是‘畅想曲’。我们大家都不妨来畅想一下，以抒发思未来之幽情，共庆升平。”我曾拿京剧《三岔口》来作比喻，在舞台上，刀光剑影，发出森森的寒光，但是你打你的，我打我的，谁也碰不着谁，谁也用不着碰谁。这是一个有待于21世纪历史进程来证明的历史问题。在21世纪还没有来临的这一块匾下，我们大家都是猜匾上字的近视眼，谁也不敢说匾上究竟是什么字。

最近我在上海《新民晚报》“夜光杯”上发表了一篇短文《真理愈辨愈明吗？》。这个题目就告诉人们，我是不相信真理越辨或者越辩越明的。常见辩论者双方，最初还能摆事实，讲道理，尚能做到语有伦次。但是随着辩论激烈程度的提高，个人意气用事的情况也愈益显著，终于辩到了最后，人身攻击者有之，强词夺理者有之，互相谩骂者有之，辩论至此，真理宁论！哪里还谈到越辩越明呢？

我在《东西文化议论集》中先把我自己的看法鲜明地摆出来，然后收入赞成我的看法的文章，反对我的看法的文章，只要能搜罗到，我都照收不误。我的意思是让读者自己去辨曲直，明是非。读者是有这个能力的。

我在这里想顺便澄清一个问题。在《西方不亮东方亮》那一篇发言中，我讲到了，有人告诉我说有的学者认为，搞国学就是想反对马克思主义，而且说文章就发表在《哲学研究》某一期上，言之凿凿，不由得我不信。我没有去查阅《哲学研究》。如果上面没有刊登过这样的文章的话，我向《哲学研究》表示歉意。说句老实话，即使有人这样主张，也只能说是“百家争鸣”中的一家，算不得“大逆不道”。每个人有发表自己意见的权利，别人阻挡不得，当然，我也有骇怪的权利，别人也阻挡不得。至于“西方不亮东方亮”那一个观点，我仍然坚持不放。

“我与东方文化研究”，想要写下去的话，还是大有话可说的，限于时间，先就写这样多吧。我还有两点要补充或者说明一下。第一是一点希望，希望不同意我的看法的学者们，要多读一点我写的东西，不要看了我一篇文章，对其中的要领并不完全清楚，也许是我没有完全说清楚，就立即反驳，或者要与我“商榷”。这有点失之过急，让我读了啼笑皆非。还有一点是，我的一些说法，看起来不管多么新奇，都是先有人说过的。我决不敢立即到专利局去申请专利。希望某一些反对我的某一些看法的学者眼光放远一点，书要多读一点，不要急于把“荣誉”或者谴责都一股脑堆到我身上。

侈谈东西方文化，已经颇有些年头了，这违反我的天性，已如上述。但是既然已经走上了这一条路，我还要走下去的。特别是对东西文化之差异处，我仿佛害了“差异狂”，越看越多。没有办法，事实告诉我是这样，我只有这样相信，我这个“半瓶醋”晃荡了这样许多年，醋是否减少了一点，或者增加了一点呢？我看不出。我只是相信，如果醋增加到了装满了瓶子，那就没有晃荡的余地，想晃荡也不会出声。反之，如果醋减少到了一滴不剩，那么，瓶子里只剩下了空气，同样是不能出声。我看而且也希望，我这个“半瓶醋”，永远保留半瓶，给永远晃荡下去提供条件和基础。

1997 年 12 月 16 日

《季羡林学术论著自选集》自序

我舞笔弄墨，五六十年于兹矣。我从来没有想到搞什么自选集，更谈不到什么“精华”。而今已近耄耋之年，垂垂老矣。北京师范学院出版社提出来，要我自选“精华”，编入丛书中。我最初觉得非常新鲜，但窃以为恐怕不会搞出什么名堂来，想加以拒绝，托辞是，自己写的东西里面有不少的古怪文字，排印困难。想以此吓退出版社。我万没有想到，出版社的胡乃羽同志竟认真对待，说是回去研究一下。我想，这下子一定是“黄鹤一去不复返”了，颇以自己托辞巧妙而沾沾自喜。

然而事实却出我意料。过了一些时候，胡乃羽同志打电话告诉我，出版社经过研究，仍然决定出。这无疑击了我一猛掌。出版社这样认真对待，而我自己则轻率托辞，这形成了鲜明的对比，我必须端正态度，也认真对待了。

我于是根据令恪同志和李铮同志编纂的我的《著作系年》，认真考察了自己一生所写的东西。古人说：“文章是自己的好。”不能说，我认为自己写的东西全都是垃圾，有一些文章自己也是颇为满意的。但是，总起来看，自己写的东西中真正有很高水平的并不多。虽间有新的发现或见解，也并不见得都十分深刻。看了中外大师们写的文章，读到那些石破天惊的新见解，如饮醍醐，百读不厌，对这些大师们只有高山仰止了。谈到“精华”的问题，我曾对胡乃羽同志说过，自己挑选而称之为“精华”，不是有点狂妄了吗？她说，这也无大妨碍，你只把自己认为比较满意的文章挑选出来就行了。

我就遵照这个意见，考虑了一下：哪些文章自己比较满意。这并不困难。满意或者不满意，是一个简单的事实，决定起来，比较容易。我从过去几十年写成的大约将近二百万字的学术论文中，选出了若干篇，算是完成了任务。选的文章决不是照原样重印一次，而是由于胡乃羽和李铮二位同志的努力，校出了一些错误或者不确切的地方，在新版中都一一加以改正。因此，收入本集的文章其可靠性增加了。这是一个很大的收获。

但是，选完了以后，再加以仔细思考，却发现了一些自己从没有意识到的现象。我挑选的时候，丝毫也没有先入之见，一定要选哪一类的文章。我只是根据自己喜爱近乎本能地挑选自己比较满意的文章，就说是“精华”吧。但是，挑选的结果，入选的全是属于考证一类的文章。这明确无误地告诉我，自己的兴趣或者自己的能力究竟在什么地方。

清代桐城派主将姚鼐《复秦小岘书》说：“天下学问之事，有义理、文章、考证三者之分，异趋而同为不可废。”我觉得，这种三分法是符合实际情况的，它为后来的学者所接受，是十分自然的，它也为我所服膺。

在三者之中，我最不善义理，也最不喜欢义理。我总觉得，义理（理论）这玩意儿比较玄乎。公说公有理，婆说婆有理。一个唯心主义与唯物主义的矛盾，矛盾了几千年，到现在还没有哪一个理论家真正说透。以我的愚见，绝对纯之又纯的唯心主义和唯物主义，都是没有的。说一部哲学史就是唯心主义和唯物主义的斗争史，显然也与历史事实不完全符合。特别是最近几十年以来，有一些理论家，或者满篇教条，或者以行政命令代替说理，或者视理论如儿戏，今天这样说，明天那样说，最终让读者如对丈二和尚，摸不着头脑。反正社会科学的理论不像自然科学的实验那样，乱说不能立即受到惩罚。搞自然科学，你如果瞎鼓捣，眼前就会自食其果，受到惩罚。社会科学理论说错了，第二天一改，脸也用不着红一红。因此，我对于理论有点敬鬼神而远之。这类的文章，我写不出，别人写的我也不大敢看。我对理论的偏见越来越深。我安于自己于此道不擅长，也不求上进。

这并不等于说，我抹煞所有的理论。也有理论让我五体投地地佩服的，这就是马克思主义的根本理论。经过了几十年的学习与考验，我觉得，马克思主义的根本理论完全反映了客观现实，包括了历史、人类社会与自然界。即使马克思主义仍然要不断发展，但是迄今它发展达到的水平让我心服口服。

这种轻视理论的做法是不是一种根深蒂固的偏见呢？可能是的。一个人难免有这样或那样的偏见。即使是偏见吧，我目前还不打算去改变。我也决不同别人辩论这个问题，因为一辩论，又是公说公有理，婆说婆有理，最终弄得大家一起坠入五里雾中。我只希望理论家们再认真一点，再细致一点，再深入一点，再严密一点。等到你们的理论能达到或者接近马克思主义基本理论的水平时，无需辩论，无需说明，我自然会心悦诚服地拜倒在你们脚下。

谈到文章，我觉得，里面包含着两个问题：一个是专门搞文章之学的，一个是搞义理或考证之学而注意文章的。专门搞文章之学的是诗人、词人、散文家等等。小说家过去不包括在里面。这些人的任务就是把文章写好，文章写不好，就不能成为诗人、词人、散文家、小说家。道理一清二楚，用不着多说。搞义理或考证之学的人，主要任务是探索真理，不管是大事情上的真理，还是小事情上的真理，都要探索。至于是否能把文章写好，不是主要问题。但是，古人说：言之无文，行之不远。孔子要求弟子们在讲话方面要有点文采，是很有道理的。过去的和现在的义理学或考证学的专家们，有的文章写得好，有的就写得不怎么好。写得好的，人家愿意看，你探索的真理容易为别人所接受。写得不好的，就会影响别人的接受，这个道理也是一清二楚的。所以，我认为，对不专门从事文章之学的学者来说，认真把文章写好也有很重要的意义。

谈到考证，亦称考据，如上文所述，是我最喜欢的东西，也是清代朴学大师所最擅长的东西，同时又是解放后受到一些人责难的东西。最近我写了一篇短文《为考据辩诬》，这里不再重复。我在这里只谈我的想法和做法。

首先，我觉得考证之学并没有什么神秘的地方，没有一些人加给它的那种作用，也没有令人惊奇的地方，不要夸大它的功绩，也不要随便加给它任何罪状，它只是做学问的必要的步骤，必由之路。特别是社会科学，你使用一种资料，一本书，你首先必须弄清楚，这种资料，这本书，是否可靠，这就用得着考证。你要利用一个字、几个字或一句话、几句话证明一件事情，你就要研究这一个字、几个字或一句话、几句话，研究它们原来是什么样子，后来又变成了什么样子，有没有后人窜入的或者更改的东西？如果这些情况都弄不清楚，而望文生义或数典忘祖，贸然引用，企图证明什么，不管你发了多么伟大的议论，引证多么详博，你的根据是建筑在沙漠上的，一吹就破。这里就用得着考证。必须通过细致的考证才能弄清楚的东西，你不能怕费工夫。现在间或有人攻击烦琐的考证，我颇有异议。如果非烦琐不行的话，为什么要怕烦琐？用不着的烦琐，为了卖弄而出现的烦琐，当然为我们所不取。

其次，在进行论证时，我服膺两句话：大胆的假设，小心的求证。这两句话已经被批了很长的时间了，也许有人认为，已经被批倒批臭，永世不得翻身了。现在人们都谈虎色变，不敢再提。可是我对此又有异议。过去批判这两句话，批判一些人，是在极“左”思想支配下——用形而上学的方法冒充辩证法，鱼目混珠，实际上是伪辩证法——来进行的。头脑一时发热，在所难免，我自己也并非例外。但是，清醒之后，还是以改一改为好。我现在就清醒地来重新评估这两句话。

我个人认为，古今中外，不管是自然科学家，还是社会科学家，哪一个人在进行工作时也离不开这两句话。不这样，才是天大的怪事。在开始进行一个课题的研究时，你对于这个课题总会有些想法吧，这些想法就是假设。哪里能一点想法都没有而进行一个课题的研究呢？为什么要“大胆”？意思就是说，不要受旧有的看法或者甚至结论的束缚，敢于突破，敢于标新立异，敢于发挥自己的幻想力或者甚至胡想力，提出以前从没有人提过或者敢于提出的假设。不然，如果一开始就谨小慎微，一大堆清规戒律，满脑袋紧箍，一点幻想力都没有，这绝对不会产生出什么好结果的。哥白尼经过细致观测，觉得有许多现象是太阳绕地球旋转说解释不了的，于是假设了日中心说。这真是石破天惊的假设，大胆的假设。没有这个胆量，太阳恐怕还要绕地球运转若干年。没有大胆的假设，世界学术史陈陈相因，能有什么进步呢？

那么，大胆的假设，其罪状究竟何在呢？

有了假设，不等于就有了结论。假设只能指导你去探讨，去钻研。所有的假设，提出来以后，都要根据资料提供的情况，根据科学实验提供的情况来加以检验。有的假设要逐步修正，使之更加完善。客观材料证实了多少，你就要在假设中肯定多少。哪些地方同客观材料相违，或者不太符合，你就要在假设中加以修正。这样可能反复多次，十次，百次，几百次；假设也要修正十次，百次，几百次，最后把假设变成结论。有的假设经不住客观材料的考验，甚至必须完全扬弃，重新再立假设，重新再受客观材料的考验。凡是搞点科学研究的人，都能了解其中的味道，或甘或苦，没有定准儿。这就叫做小心的求证。

那么，小心的求证，其罪状究竟何在呢？

也有人灵机一动，提出了一个假设，自己认为是神来之笔，是灵感的火花，极端欣赏，极端自我陶醉。但是后来，客观材料，包括实验结果证明这个假设不能成立。在这个关键时刻，真正有良心的科学工作者应该当机立断，毅然放弃自己的假设，另觅途径，另立新说。这是正途。可是也有个别的人，觉得自己的假设真是美妙绝伦，丢掉了万分可惜。于是不惜歪曲材料，顺我者昌，逆我者亡，只选取对自己的假设有利的材料，堆累在一起，形成了一个迁就自己的假设的结论。这是地道的学术骗子。这样的“学者”难道说是绝无仅有吗？

这就是我理解的大胆的假设，小心的求证。

这是丝毫也无可非议的。

但是确实有一些学者是先有了结论，然后再搜集材料，来证实结论。“以论带史”派的学者，我认为就有这种倾向。比如要研究中国历史上农民战争问题，他们从什么人的著作里找到了农民战争解放生产力的结论。在搜集材料时，凡有利于这个结论的，则统统收进来；凡与这个结论相违反的，则统统视而不见。有时甚至不惜加以歪曲，爬罗剔抉，刮垢磨光，最后磨出一个农民战争解放生产力的结论，而让步政策则是“修正主义”。研究清官与赃官问题时，竟然会说赃官要比清官好得多，因为清官能维护封建统治，而赃官则能促成革命，从而缩短封建统治的寿命。如此等等，不一而足。这样的研究方法根本用不着假设，不大胆的假设也用不着。至于小心的求证，则是戴着有色眼镜去衡量一切，谈不到小心不小心。

对这样的科学工作者来说，大胆的假设，小心的求证是必须彻底批判的。

对这样的科学工作者来说，他们的结论是先验的真理，不许怀疑，只准阐释。他们是代圣人立言，为经典作注。

用这样的方法，抱这样的态度，来研究学问，学问会堕落到什么程度，不是一清二楚了吗？

我服膺被批判了多年的大胆的假设，小心的求证，理由就是这一些。另外可能还有别的解释，则非愚钝如不佞者所能知矣。

统观自己选出来的这一些文章，不管它们是多么肤浅，我总想在里面提出哪怕是小小的一点新看法。要提出新看法，就必须先有新假设。假设一提出，还不就是结论。不管假设多么新，在证实之前，都不能算数。我经常被迫修改自己的假设，个别时候甚至被迫完全放弃。有的假设，自己最初认为是神来之笔，美妙绝伦；一旦证实它站不住脚，必须丢弃。这时往往引起内心的激烈波动，最终也只能忍痛丢弃。我的做法大体上就是如此。鹦鹉学舌，非我所能；陈陈相因，非我所愿。我也决不敢说，我的这些所谓新看法都是真理。一部人类的学术史证明了，学术一定要随时代的前进而前进；将来有新材料发现，或者找到了观察问题的新的角度，自己的看法或者结论也势必要加以修改，这是必然的。

现在归纳起来可以说，我过去五六十年的学术活动，走的基本上是一条考证的道路。可是原来自己并没有意识到。到了今天，通过这个自选活动，我才真正全面而明确地认识到这一点。考证要达到什么目的呢？无非是寻求真理而已。伟大科学家爱因斯坦说："凡在小事上对真理持轻率态度的人，在大事上也是不足信的。"这句话可以有多种解释。什么叫真理？大家的理解也未必一致。有的人心目中的真理有伦理意义。我不认为是这样。我觉得，事情是什么样子，你就说它是什么样子。这是唯物主义，同时也是真理。我体会爱因斯坦在这里所说的真理就是这样的真理。他这一句颇耐人寻味。同样是真理，事情却有大小。哥白尼倡日中心说，这是大事情上的真理。语言文字学家，训诂学家，弄清楚一个字或一句话的古音古义，这是小事情上的真理。事情有大有小，而其为真理则一也。有人夸大考证的作用，说什么发现一个字的古音，等于发现了一颗新星。这有点过分夸张。这样的发现与哥白尼的日中心说是不能比的。不管怎样，整个人类的历史，就是追求真理、探索真理的历史，这一点恐怕是无法否认的。从事各种工作的人，都在自己的领域内追求真理、探索真理。

我自己也在我所从事的领域内追求真理、探索真理，一直探索了五六十年。我经常说，我少无大志。不但在中小学里没有立志成为学者，就是到了大学以后，除了写点散文之外，真正的学术论文没有写几篇。写成了的那几篇水平都不高。我是阴差阳错才走上现在这样一条道路的。但是一旦走了上来，我却能坚持不放。过去在极“左”思想黑云压城的时期，一个人如果想写点什么，想努力钻研点什么，现成的帽子就悬在你的头上：名利思想，修正主义。我搞了几十年的行政工作，在过去 40 年中，至少有 1/4 的时间是泡在无穷无尽的会议中，消磨在花样繁多的社会活动中。但是，我仍然坚持看书写作不辍，我是利用时间的边角废料来从事这项工作的。就时间来说，我每天不比任何人多一分一秒，在时间面前，人人平等。我一向被认为是智育第一，业务至上的。连带我工作的北京大学东语系也成了业务挂帅的典型。我却乐此不疲，坚持不改。每一次政治运动，我首先检查业务至上的“修正主义”，大家都认为是抓到了点子上，顺利地过了关。但是，我是一个“死不改悔”的顽固派，检查完了，运动一过，我照样搞我的“修正主义”：智育第一，业务至上。我担心不担心下一次运动呢？担心的。但是，我对自己那一套检讨的本领很有信心，抓自己的问题，一抓就灵。因此也不过分担心。现在回想起来，我真有点后怕，有点不寒而栗。如果我不是一个顽固派，一度检查，真心悔改，同“修正主义”一刀两断，同智育第一、业务至上划清界限，今天我在科学研究方面还能留下什么东西，就很值得怀疑了。“死不改悔”的顽固派有时候也会有点好处的，这就是我的结论。

那么，我搞这一套东西是不是为名为利呢？说一点都没有，那不是事实。但是我再三检查自己的动机，觉得并不完全是那个样子。研究一个问题，提出一个假设，经过反复的验证，得到了自己认为满意的结论，虽然不过是小事情上的真理，自己却往往大喜过望，以为人生之乐无过于此矣。我之所以拼命钻研，老而不已，置危险于不顾，视饥饿如儿戏，不是为名为利，而是为了探索真理。我想，很多科学工作者恐怕也有同我一样的动力。

我还想讲另外一个情况。我在上面曾提到令恪同志和李铮同志编的我的《著作系年》。我除了根据这个《系年》来挑选文章以外，还粗粗地检查了我在过去几十年中写作的情况。从 1932 年我 21 岁时起，几乎每年都写点东西。从 1937 年到 1942 年，表面上没有写什么东西，实际上是我一生学习最努力的时期。从 1967 年至 1977 年，在长达 11 年的时间内，竟然一篇东西都没有，不能不令人吃惊。这情况我过去朦朦胧胧地意识到过，但是很不具体。现在一看《系年》，赫然白纸黑字，我真是震惊不已。至于为什么成为这个样子，大家心里都明白，用不着多说。我一个人如此，全国又不知道有多少成千上万的人也是如此。想到这里，所谓“文化大革命”究竟产生了多么严重的后果，不是清清楚楚了吗？我又有点后怕，又有点不寒而栗。如果真正让“文化大革命”七八年搞一次，一次搞上七八年，搞的结果恐怕要把全国知识分子的知识都搞成光板。卫星上不了天，是可以肯定的；所谓“红旗落地”，是否还有红旗都是值得怀疑的，还谈得上什么落地不落地呢？

在人生的征途上，我已经走了七十多年。如果照古人的说法：行百里者半九十，那么我走了还不到一半。但这是比喻，不是事实。应该承认，自己前面的道路有限了。可我也并不想现在就给自己做结论，我认为还不到时候。我在这一生选择了这样一条道路，走起来并不容易。高山、大川、深涧、栈道、阳关大道、独木小桥，我都走过了，一直走到今天，仍然活着，并不容易。说不想休息，那是假话。但是自谓还不能休息。仿佛有一种力量，一种探索真理的力量，在身后鞭策我，宛如鲁迅散文诗《过客》中的那一位过客一样，非走上前去不行，想休息恐怕是不可能的了。如果有人问：“倘若让你再活一生，你还选择这样一条并不轻松的路吗？”我用不着迟疑，立刻就回答：还要选这一条路的。我还想探索真理，这探索真理的任务是永远也完不了的。

在这里我要感谢北京师范学院出版社，在目前出版条件这样困难的情况下，还毅然决定出版这一套丛书，又让我滥竽其中。我还感谢李铮同志，他用他那特有的细致认真的态度来帮我整理稿件。最后但不是最少，我还必须提一提本书的责任编辑胡乃羽同志。她那种对待编辑工作的细致、严肃、认真负责的态度，决非轻轻的一句“感谢”所能报答的。她对我是一次活生生的教育，我不由得由衷地对自己说：“干工作就得像胡乃羽这个样子！”

1988年4月18日写完

《季羡林佛教学术论文集》自序

我研究佛教是从语言开始的。义理非我所长。我本着藏拙的精神，很少谈这方面的问题。我在《季羡林学术论著自选集·自序》中写过一段话：

> 选完了以后，再加以仔细思考，却发现了一些自己从没有意识到的现象。我挑选的时候，丝毫也没有先入之见，一定要选哪一类的文章。我只是根据自己的喜爱近乎本能地挑选自己比较满意的文章，就说是“精华”吧。但是，挑选的结果，入选的全是属于考证一类的文章。这明确无误地告诉我，自己的兴趣或者自己的能力究竟在什么地方。

这就是我对自己的评估。我认为，这是颇有自知之明的意见。

同这现象有密切联系的是我研究佛教时所表现出来的特点：我把语言研究与对佛教史实的探索紧密地结合了起来。我探讨古代佛教语言，并不严格地限于语言的形态变化。我努力探究的是隐蔽在形态变化后面的东西。古代佛教语言或方言的形态变化往往能透露出来这种语言或方言产生和流行的年代（时间）和地域（空间）。这能对研究佛教部派的分布地区和产生时间提供重要的依据。大乘佛教的兴起是佛教史上一个重大变革。古今中外从事研究这个问题的学者众矣。然而没有哪一个学者从语言特点入手探讨，有之自季羡林始。窃以为分析语言特点是探究大乘起源问题的必由之路。大乘兴起和发展的每一个阶段，都表现在语言特点上。我在这方面做过一些工作，今后还将继续做下去。把语言特点与义理发展结合起来，加以综合、分析，必能使这一项研究工作大大地向前迈进一步。对于我的做法，海外学者有赞成者，也有反对者，也有先反对后赞成（或者正倒转过来，我还没有弄清楚）者。对于外国学者这些意见，我充分重视，既不简单盲从，也不单纯否定，而是从各方面加以推敲，然后做出结论。可惜直至今日，在反对我的学者中我还没能发现哪怕有一点根据的论证。因此，这些充满了矛盾的反对意见，更增加了我坚持己见的信心和勇气。

纵观全世界佛教研究的形势，我深深地感觉到，不管是印度佛教史，还是中国佛教史，尽管研究者的人数相当可观，出版的专著和论文的数量也能给人以深刻的印象；然而夷考其实，则仍然不会让人感到乐观。有大量的问题研究尚有待于深入；有一些重要的问题还根本没有人涉及。专拿印度佛教史这一个门类来看，尽管许多国家都出版了这方面的书，有一些还是长达百余万言的皇皇巨著；然而拆穿开来，必能发现，所论类多肤浅，极不全面，极不深入。我个人认为，真正的佛教史根本还没有出现，还是一个 desidemtum。我并不痴心妄想，要求一本十全十美的印度佛教史。这样的佛教史永远不会出现。做学问，同追求真理一样，只能得到相对的真理，绝对的、终极的真理是无法得到的。

如果我的这些意见是正确的话，那么，我们中国从事佛教学术研究的学者就有了不容推卸的责任。佛教源于尼泊尔和印度，而大盛于中国。现在的佛教大藏经，最完整的只存在于中国。汉译大藏经和藏译大藏经，是研究佛教的瑰宝，这是人所共知的事实。“近水楼台先得月”，我们的客观条件是十分优越的，是任何别的国家所没有的。然而，唯其如此，我们肩上的担子也就更重，外国学者期望于我们的也就更多。这一点应当是我们的共识。

现在我国大陆和台湾都已培养出来了一批卓有成就的佛教学者。在过去很长的一段时间内，由于我们在这方面一无人才，二无成就，曾经被异邦学者所鄙视。现在情况完全改变了，我们的日子好过多了。我们既有一些老专家，又有人数众多的中青年学者。我们佛教学坛上可以说是长幼有序，左右逢源。我们现在能够充分利用我们得天独厚的优越条件，我们能够承担起放在我们肩上的重担了。

在过去，由于众所周知的原因，台湾同行们的研究情况，除了在报章杂志上偶一得知以外，对实际情况，我们所知不多。最近几年来，情况有了很大的改变。我们能够读到台湾同行们的著作了。台湾同行们来大陆访问的也越来越多了，由闭目塞听而豁然开朗，我们愉快、兴奋，获得了很多新的知识。我们早就听说，以圣严法师为祭酒的佛学研究所，人才济济，硕果累累，在国际上广有影响。我们也分得了一份愉快和骄傲。

去岁，圣严法师率团访问大陆，我得以识荆，实为大幸。圣严法师不仅是高僧，而且是学者。听鹂盛宴，万寿夜谭，至今历历如在目前，忆念犹新。现在又蒙老友冉云华教授推毂，圣严法师垂青，邀我自选一部《佛教学术论文集》。我在感谢之余，敬谨应命，选出拙著佛教学术论文 14 篇，送来台湾出版。在所选论文中有 3 篇有英译文，对不懂汉文的国外学者会有用处的，因此就分别附在原文后面。以文会友，古人所倡。窃师其意，期望得到台湾同行们的谌正。

我个人日益感觉到，我国的佛学研究正处在向纵深发展的阶段。只要我们海峡两岸的佛学研究者能够同声相应，同气相求，共同推进我们的研究工作，则我们“近水楼台先得月”的优越条件必能日益显示其威力，我们必能对于世界佛学研究工作做出我们应有的贡献。岂不猗欤盛哉！是为序。

1991年12月27日于北京大学

《中外关系史译丛》前言

对研究中外关系史的同行们来说，《中外关系史译丛》的创刊，具有极其重大的意义。

鲁迅先生曾经说过："一切事物，虽说以独创为贵，但中国既然是在世界上的一国，则受点别国的影响，那自然难免。"这话完全符合事实。但同时，我们还要说，中国也影响了别的国家。中国自有历史以来，自从立足于世界国家之林以来，就处在这种相互影响之中。所谓中外关系史就是要研究这种交光互影的情况。

在世界所有的民族中，中华民族是最喜爱历史的民族。我们一部《二十四史》，还有其他的许多史书，就足以证明这个事实。中国史籍中不但有关于中国本国的记载，而且有大量关于其他一些国家的记述。到了今天，这些记述就成了研究其他一些国家的历史以及中国与其他国家关系史的瑰宝。

因此，中国学者在研究中外关系史方面具有明显的有利条件。

但这只是问题的一个方面。在国外一些国家的文献中也有不少关于同中国关系的论述。在这一方面，外国学者又明显地有其有利条件。

当然外国学者也可以掌握中国资料，中国学者也可以掌握外国资料。这是一种好现象，值得大加提倡的，谁也别想、也不可能垄断资料。我上面说到有利条件只不过是说，在使用资料方面，外国和中国各有方便之处而已。对各国研究国际关系史的学者来说，最好的办法就是加强协作。我们在中外关系史的研究方面，一不画地为牢，二不各自为政，而是沟通有无，互相补充，即使是一个第三国家的学者研究中国同另一个国家的关系史，也多半有他自己的看法，因而也能做出令人羡慕的成绩。

我们的《中外关系史译丛》目的就是使对外国语言不太熟悉的中国学者能及时了解外国同行的研究成果，这会大大地促进中外学者的交流与协作，大大地提高中外关系史研究的水平。在过去，中国一些知名的学者已经给我们做出了很好的榜样，比如冯承钧、张星烺、向达、姚楠、朱杰勤诸先生，他们的成绩彰彰在人耳目。但是在过去，他们多半是“单干户”，也不可能不是“单干户”。到了今天，盛世升平，乾坤朗朗，组织起来，共同协作的条件已经完全具备了。《中外关系史译丛》的创刊就是共同协作的一个步骤。随着它的出版，中外关系史的研究工作将会大大加强，更光辉灿烂的成绩将会出现在我们眼前，这是我们的希望，也是我们的信念。

1983 年 10 月 9 日

国学漫谈

《国学，在燕园又悄然兴起》[①]一文，在国内外一部分人中引起了轰动。据我个人看到的国内一些报纸和香港的报纸，据我收到的一些读者来信看，读者们是热诚赞成文章的精神的。

想要具体的例证，那可以说是俯拾即是。前不久，我曾就东方文化和国学作过一次报告。一位青年同志写了一篇“侧记”，叙述这一次报告的情况（王之昉《高屋建瓴启迪后人》，《人民日报》1993 年 12 月 1 日第三版）。读者如有兴趣，可以参阅。我因为是当事人，有独特的感触，所以不避啰嗦之嫌，在这里对那天的情况再讲上几句。

那是一个阴雨连绵的晚间，天气已颇有寒意。报告定在晚上 7 时。我毫无自信，事先劝同学们找一个不太大的教室，能容下 100 人就行了。我是有私心的，害怕人少，讲者孑然坐在讲台上，面子不好看。然而他们坚持找电教大楼的报告大厅，能容下 400 人。完全出我意料，不但座无虚席，而且还有不少人站在那里，或坐在台阶上，都在静静地谛听，整个大厅里鸦雀无声。我这个年届耄耋的世故老人，内心里十分激动，眼泪在眼睛里打转。据说，有人 5 点半就去占了座位。面对这样一群英姿勃发的青年，我心里一阵阵热浪翻滚，笔墨语言都是形容不出来的。

---

①作者为毕全忠，载于《人民日报》1993 年 8 月 16 日第三版。

海外不是有一些人纷纷扬扬，说北大学生不念书，很难对付吗？上面这现象又怎样解释呢？

人世间有果必有因。上面说的这种情况也必有其原因。我经过思考，想用两句话来回答：顺乎人心，应乎潮流。

我们中华民族拥有5000年的光辉灿烂的文化，对人类作出了卓越的贡献。很难想象，世界上如果缺少了中华文化会是一个什么样子。前几年，弘扬中华优秀文化的号召一经提出，立即受到了国内外炎黄子孙的热烈拥护。原因何在呢？这个号召说到了人们的心坎上。弘扬什么呢？怎样来弘扬呢？这就需要认真地研究。我们的文化五色杂陈，头绪万端。我们要像韩愈说的那样："沉浸酴郁，含英咀华"。经过这样细细品味、认真分析的工作，把其中的精华寻找出来，然后结合具体情况，从而发扬光大之，期有利于中国人民和世界人民的前进与发展。"国学"就是专门做这件工作的一门学问。旧版《辞源》上说：国学，一国所固有之学术也。话虽简短朴实，然而却说到了点子上。七八十年以来，这个名词已为大家所接受。除了"脑袋里有一只鸟"的人（借用德国现成的话），大概不会再就这个名词吹毛求疵。如果有人有兴趣有工夫去探讨这个词儿的来源，那是他自己的事，我无权反对。

国学决不是"发思古之幽情"。表面上它是研究过去的文化的，因此过去有一些学者使用"国故"这样一个词儿。但是，实际上，它既与过去有密切联系，又与现在甚至将来有密切联系。现在我们不是都谈建设有中国特色的社会主义吗？什么叫"特色"？特色表现在什么地方？我曾反复思考过这个问题。我觉得，科技对我们国家建设来说，对发展生产力来说，是非常重要的，万万不能缺少的。但是，科技却很难表现出什么特色。你就是在原子能、电脑、宇宙飞船等等尖端科技方面，有突出的成就，超过了世界先进国家，同其他国家比较起来，也只能是程度的差别，是水平的差别，谈不到什么特色。我姑且称这些东西为“硬件”。硬件的本质都是一样的，没有什么特色可言。

特色最容易表现在精神文化方面，我姑且称之为“软件”，哲学、宗教、文学、艺术、伦理、道德、经营、管理等等都属于这个范畴。这些东西也是能够交流的，所谓“固有”并不排除交流，这个道理属于常识范围。以上这些学问基本上都保留在我们所说的“国学”中。其中有不少的东西可以说是中华文化、中华智慧的结晶，直至今日，不但对中国人发挥影响，它的光辉也照到了国外去。最近听一位国家教委的领导说，他在新德里时亲耳听到印度总统引用中国《管子》关于“十年树木，百年树人”的话。在巴基斯坦他也听到巴基斯坦总理引用中国古书中的话。足征中华智慧已深入世界人民之心。这是我们中国人应该感到骄傲的。所有这一些中国智慧都明白无误地表露了中国的特色。它产生于中国的过去，却影响了中国和世界的今天，连将来也会受到影响。事实已经证明，连外国人都会承认这一点的。

国学的作用还不就到此为止，它还能激发我们整个中华民族的爱国热情。“爱国主义”是一个好词儿，没有听到有人反对过。但是，我总觉得，爱国主义有真伪之分。在历史上，被压迫被侵略的民族，为了自己的生存与尊严，不惜洒热血、抛头颅，奋抗顽敌，伸张正义。这是真爱国主义。反之，压迫别人侵略别人的民族，有时候也高呼爱国主义，然而却不惜灭绝别的民族。这样的“爱国主义”是欺骗自己人民的口号，是蒙蔽别国人民的幌子。它实际上是极端民族沙文主义的遮羞布。例子不用举太远的，近代的德、意、日法西斯主义就是这一类货色。这是伪爱国主义。

中国的爱国主义怎样呢？它在主体上是属于真爱国主义范畴的。有历史为证，不管我们在漫长的封建时期内，“天朝大国”的口号喊得多么响，事实上我国始终有外来的侵略者，主要来自北方，先后有匈奴、突厥、辽、金、蒙、满等等。今天，这些民族基本上都成了中华民族的组成部分；但在当时只能说是敌对者，我们不能否定历史的本来面目。在历史上，连一些雄才大略的开国君主也难以逃避耻辱。刘邦曾被困于平城，李渊曾称臣于突厥，这是最明显的例子。我们也不能说，中国过去没有主动地侵略别人过，这情况也是有过的，但不是主流，主流是中国始终受到外来的威胁。正是由于这个原因，我们中国人民敬仰、歌颂许多爱国者，岳飞、文天祥、史可法等等都是。一直到今天，爱国主义，真正的爱国主义，始终左右我们民族的心灵。我常说，北京大学的优良传统之一，就是爱国主义，我这说法得到了许多人的赞同。探讨和分析中国爱国主义的来龙去脉，弘扬爱国主义思想，激发爱国主义热情，是我们今天“国学”的重要任务，国学的任务可能还可以举出一些来，以上三大项，我认为，已充分说明其重要性了。我上面说到“顺乎人心，应乎潮流”。我现在所谈的就是“人心”，就是“潮流”。我没有可能对所有的人都调查一番。我所说的“人心”，可能有点局限。但是，一滴水中可以见宇宙，从燕园来推测全国，不见得没有基础。我最近颇接触了一些青年学生。我发现，他们是很肯动脑筋的一代新人。有几个人告诉我，他们感到迷惘。这并不是坏事，这说明他们正在那里寻觅祛除迷惘的东西，正在那里动脑筋。他们成立了许多社团，有的名称极怪，什么“吠陀”，什么禅学，这一类名词都用上了。也许正在燕园悄然兴起的“国学”，正投了他们之所好，顺了他们的心。否则怎样来解释我在本文开头时说的那种情况呢？中国古话说“得道多助，失道寡助”，顺应人心和潮流的就是“道”。

但是，正如对人世间的万事万物一样，对国学也有不同的看法。提倡国学要有点勇气，这话是我说出来的。在我心中主要指的是以“十年浩劫”为代表的那一股极“左”思潮。我可万万没有想到，今天半路上竟杀出来了一个程咬金，在小报上写文章嘲讽国学研究，大扣帽子。不知国学究竟于他何害，我百思不得其解。无独有偶，北师大古籍研究所编纂《全元文》，按说这工作有百利而无一弊，然而竟也有人想全面否定。我觉得，有这些不同意见也无妨。国学，弘扬中华优秀文化，既然是顺乎人心、应乎潮流的事业，必然会发展下去的。

1993 年 12 月 24 日

对国学研究的几点思考

祝贺《国学研究》第二期出版。

想谈几点意见：第一，前不久接到吴江同志的信，附有他在上海《文汇报》上发表的关于国学问题的文章。接着我就接到了上海《文汇报》直接给我的信，要求我参加国学问题的讨论。我都还没有答复。如果答复的话，我就会说，我不参加讨论，也不赞成讨论。像国学这样的题目，难以讨论。想给国学下个定义，永远也不会有结果，永远也不会有大家都同意的定义。社会科学同自然科学不一样，定义很难下。与其在下定义上下工夫，莫如切切实实地读一些书，切切实实地思考一些问题。根据自己的认识去钻研，去探讨，有了心得，就成文成书。这比争定义，说空话要好得多。

第二，学术与政治的关系问题。这是一个老掉牙的问题。我们过去讨论了几十年，有人也吃过苦头，现在不必谈了。但是，最近几年来，我逐渐觉悟到，二者之间实有密切的联系。我举一个具体的例子。对于王梵志的诗，中外敦煌学研究者颇不乏人。个别的中国学者研究成果发表后，外国一个国家的学者很不满意，准备组织班子，汇集文章，大张旗鼓地加以批评或者批判。后来项楚先生的《王梵志诗校注》及时出版了。那个国家的学者一经读到，大为叹服，于是宣布解散班子，停止批判。如果项书不出，批判的结果一发表，不怀好意者就会立即同中华人民共和国挂上钩。这样一来，一个学术问题立即变成政治问题。因此，在今天世界上，学术实在脱不开政治。我们时刻想到这一点，会促使我们更加努力，更加小心翼翼。不管我们研究的是国学的哪一个部门，我们都必须认识到学术与爱国主义的关系，决不能掉以轻心。

第三，关于21世纪将是东方文化占统治地位的世纪。国外也有一些有识之士有这样的主张。我最近几年来写过长长短短的几篇文章，宣扬这种看法。特别是东方文化中“天人合一”的思想，我认为是中国对人类杰出的贡献。在香山饭店的一次国际学术研讨会上，我做过一个很短的发言，题目就是：“只有东方文化能拯救人类”[①]。我对此点深信不疑。但是，这是一个极大的题目，而且涉及未来的21世纪。原来我也同别人争辩过。现在我的做法变了。我想到中国过去有一个近视眼猜匾上的字的笑话。一个近视眼说，匾上是什么什么字。但是此时匾还没挂出来。21世纪就是一个还没有挂出来的匾，匾上的字是什么，谁也说不准。如果有人愿意猜，那是可以的，每个人都有这个权利。但是不必争辩，争辩是徒劳的。我们最好学一学京剧《三岔口》，每个人要自己的枪刀，但谁也碰不着谁。

1994年8月23日

本文为《国学研究》第二期祝词

① 指1993年5月24日作者在“香山东方伦理道德与青年教育国际研讨会”上的发言。

我和外国语言

我学外国语言是从英文开始的。当时只有十岁，是高小一年级的学生。现在回忆起来，英文大概还不是正式课程，是在夜校中学习的。时间好像并不长，只记得晚上下课后，走过一片芍药栏，当然是在春天里，其他情节都记不清楚了。

当时最使我苦恼的是所谓“动词”，to be 和 to have 一点也没有动的意思呀，为什么竟然叫做动词呢？我问过老师，老师说不清楚，问其他的人，当然更没有人说得清楚了。一直到很晚很晚，我才知道，把英文 verb（拉丁文 verbum）译为“动词”是不够确切的，容易给初学西方语言的小学生造成误会。

我万万没有想到，学了一点英语，小学毕业后报考中学时竟然派上了用场。考试的其他课程和情况，现在完全记不清楚了。英文出的是汉译英，只有三句话：“我新得到了一本书，已经读了几页，但是有几个字我不认识。”我大概是译出来了，只是“已经”这个字我还没有学过，当时颇伤脑筋，耿耿于怀者若干时日。我报考小学时，曾经因为认识一个“骡”字，被破格编入高小一年级。比我年纪大的一个亲戚，因为不认识这个字，被编入初小三年级。一个字给我争取了一年。现在又因为译出了这几句话，被编入春季始业的一个班，占了半年的便宜。如果我也不认识那个“骡”字，或者我在小学没有学英文，则我从那以后的学历都将推迟一年半，不知道会产生什么样的后果。人生中偶然出现的小事往往起很大的作用，难道不是非常清楚吗？不相信这一点是不行的。

在中学时，英文列入正式课程。在我两年半的初中阶段，英文课是怎样进行的，我已经忘记了。我只记得课本是《泰西五十轶事》《天方夜谭》《莎氏乐府本事》（*Tales form Shakespeare*）、Washington Irving 的《拊掌录》（*Sketch Book*），好像还念过 Macaulay 的文章。老师的姓名都记不清楚了。只记得，初中毕业后，因为是春季始业，又在原中学念了半年高中。在这半年中，英文教员是郑又桥先生。他给我留下了深刻难忘的印象。听口音，他是南方人。英文水平很高，发音很好，教学也很努力。只是他有吸鸦片的习惯，早晨起得很晚，往往上课铃声响了以后，还不见先生来临。班长不得不到他的住处去催请。他有一个很特别的习惯，学生的英文作文，他不按原文来修改，而是在开头处画一个前括弧，在结尾处画一个后括弧，说明整篇文章作废，他自己重新写一篇文章。这样，学生得不到多少东西，而他自己则非常辛苦，改一本卷子，恐怕要费很多时间。别人觉得很怪，他却乐此不疲。对这样一位老师是不大容易忘掉的。过了 20 年以后，当我经过了高中、大学、教书、留学等等阶段，从欧洲回到济南时，我访问了我的母校，几乎所有以前的老师都已离开了人世，只有郑又桥先生一个人孤零零地住在临大明湖的高楼上。我见到他，我们俩彼此都非常激动，这实在是我万万没有想到的事。他住的地方，南望千佛山影，北望大明湖十里碧波，风景绝佳。可是这一位孤独的老人似乎并不能欣赏这绝妙的景色。从那以后，我再没有见到他，想他早已经不在人世了。

我们那一些十几岁的中学生也并不老实。来一个新教员，我们往往要试他一试，看他的本领如何。这大概也算是一种少年心理吧。我们当然想不出什么高招来“测试”教员。有一年换了一位英文教员，我们都觉得他不怎么样。于是在字典里找了一个短语 by the by。其实这也不是多么稀见的短语，可我们当时从来没有读到过，觉得很深奥，就拿去问老师。老师没有回答出来，脸上颇有愧色。我们一走，他大概是查了字典，下一次见到我们，说：“你们大概是从字典上查来的吧？”我们笑而不答。幸亏这一位老师颇为宽宏大量，以后他并没有对我们打击报复。

在这时候，我除了在学校里念英文外，还在每天晚上到尚实英文学社去学习。校长叫冯鹏展，是广东人，说一口带广东腔的蓝青官话。他住的房子非常大，前面一进院子是学社占用。后面的大院子是他全家所居。前院有四五间教室，按年级分班。教我的老师除了冯老师以外，还有钮威如老师、陈鹤巢老师。钮老师满脸胡须，身体肥胖，用英文教我们历史。陈老师则是翩翩佳公子，衣饰华美。看来这几个老师英文水平都不差，教学也都努力。每到秋天，我能听到从后院传来的蟋蟀的鸣声。原来冯老师最喜欢养蟋蟀，山东人名之曰蛐蛐儿，嗜之若命，每每不惜重金，购买佳种。我自己当时也养蛐蛐儿，常常随同院里的大孩子到荒山野外蔓草丛中去捉蛐蛐儿，捉到了一只好的，则大喜若狂。我当然没有钱来买好的，只不过随便玩玩而已。冯老师却肯花大钱，据说斗蛐蛐儿有时也下很大的赌注，不是随便玩玩的。

在这里用的英文教科书已经不能全部回忆出来。只有一本我忆念难忘，这就是 Nesfield 的文法，我们称之为《纳氏文法》，当时我觉得非常艰深，因而对它非常崇拜。到了后来，我才知道，这是英国人专门写了供殖民地人民学习英文之用的。不管怎样，这一本书给我提供了很多有用的资料。像这样内容丰富的语法，我以后还没有见过。

尚实英文学社，我上了多久，已经记不起来，大概总有几年之久。学习的成绩我也说不出来，大概还是非常有用的。到了我到北园白鹤庄去上山东大学附设高中的时候，我在班上英文程度已经名列榜首。当时教英文的教员共有三位，一位姓刘，名字忘了，只记得他的绰号，一个非常不雅的绰号。另一位姓尤名桐。第三位姓和名都忘了，这一位很不受学生欢迎。我们闹了一次小小的学潮：考试都交白卷，把他赶走了。我当时是班长，颇伤了一些脑筋。刘、尤两位老师却都受到了学生的尊敬，师生关系一直是非常好的。

在北园高中，开始学了点德文。老师姓孙，名字忘记了。他长得宽额方脸，嘴上留着两撇像德皇威廉第二世的胡须，除了鼻子不够高以外，简直像是一个德国人。我们用的课本是山东济宁天主教堂编的书，实在很不像样子，他就用这个本子教我们。他是胶东口音，估计他在德国占领青岛时在一个德国什么洋行里干过活，学会了德文。但是他的德文实在不高明，特别是发音更为蹩脚。他把 gut 这个字念成“古吃”。有一次上堂时他满面怒容，说有人笑话他的发音。我心里想，那个人并没有错，然而孙老师却忿忿然，义形于色。他德文虽不高明却颇为风雅，他自己出钱印过一册十七字诗，比如有一首是嘲笑一只眼的人：

发配到云阳，
见舅如见娘，
两人齐下泪，
三行！

诸如此类，是中国民间文学的一种形式，严格地说就是民间蹩脚文人的创作，足证我们孙老师的欣赏水平并不怎样高。总之，我们似乎只念了一学期德文，我的德文只学会了几个单词儿，并没有学好，也不可能学好。

到了1928年，日寇占领了济南，我失学一年。从1929年夏天起，我入了山东省立济南高中，据说是当时山东全省唯一的一所高中。此时名义上是国民党统治，但是实权却多次变换，有时候，仍然掌握在地方军阀手中。比起山东大学附设高中来，多少有了一些新气象。《书经》《诗经》不再念了，作文都用白话文，从前是写古文的。我在这里念了一年书，国文教员个个都给我的印象很深，因为都是当时文坛上的名人。但英文教员却都记不清楚了。高中最后一年用的什么教本我也记不起来了。可能是《格里弗游记》之类。我还能清晰地回忆起来的是几次英文作文。我记得有一次作文题目是讲我们学校。我在作文中描绘了学校的大门外斜坡，大门内向上走的通道，以及后面图书馆所在的楼房。自己颇为得意，也得到了老师的高度赞扬。我们的英文课一直用汉语进行，我们既不大能说，也不大能听。这是当时山东中学里一个普遍的缺点，同京、沪、津一些名牌中学比较起来，我们显然处于劣势。这大大地影响了考入名牌大学的命中率。

此时已经到了1930年的夏天，我从高中毕业了。我断断续续学习英语已经十年了，还学了一点德文。要问有什么经验没有呢？应该有一点，但并不多。曾有一度，我想把整部英文字典背过。以为这样一来，就再没有不认识的字了。我确实也下过工夫去背，但持续了一段时间之后，我就觉得有好多字实在太冷僻没有用处，于是采用另外一种办法：凡是在字典上查过的字都用红铅笔在字下画一横线，表示这个字查过了。但是过了不久，又查到这个字。说明自己忘记了。这个办法有一点用处，它可以给我敲一下警钟：查过的字怎么又查呢？可是有的字一连查过几遍还是记不住，说明警钟也不大理想。现在的中学生要比我们当时聪明得多，他们恐怕不会来背字典了。阿门！加上阿弥陀佛！

不管怎么样，高中毕业了。下一步是到北京投考大学。山东有一所山东大学，但是本省的学生都是这山望着那山高，不大愿意报考本省的大学，一定要“进京赶考”。我们这一届高中有八十多个毕业生，几乎都到了北京。当年报考名牌大学，其困难程度要远远超过今天。拿北大、清华来说，录取的学生恐怕不到报名的十分之一。据说有一个山东老乡报考北大、清华，考过四次，都名落孙山。我们考的那一年是第五次了，名次并不比孙山高。看榜后，神经顿时错乱，走到西山，昏迷漫游了四五天，才清醒过来，回到城里，从此回乡，再也不考大学了。

入学考试，英文是必须考的。以讲英语出名的清华，英文题出得并不难，只有一篇作文，题目忘记了。另外有一篇改错之类的东西。不以讲英语著名的北大出的题目却非常难，作文之外有一篇汉译英，题目是李后主的词：

别来春半，触目愁肠断，砌下落梅如雪乱，拂了一身还满。

有的同学连中文原文都不十分了解，更何况译成英文！顺便说一句，北大的国文作文题也非常古怪，那一年的题目是：“何谓科学方法，试分析详论之”。这样一个题目也很够一个中学毕业生作的。但是北大古怪之处还不在这里。各门学科考完之后，忽然宣布要加试英文听写（dictation），这对我们实在是当头一棒。我们在中学没有听过英文。我大概由于单词记得多了一点，只要能听懂几个单词儿，就有办法了。记得老师念的是一段寓言。其中有狐狸，有鸡，只有一个字 suffer，我临阵惊慌，听懂了，但没有写对。其余大概都对了。考完之后，山东同学面带惊慌之色，奔走相告，几乎完全是丈二和尚摸不着头脑。大家都知道，这一加试，录取的希望就十分渺茫了。

我很侥幸，北大、清华都录取了。当时处心积虑是想出国留洋。在这方面，清华比北大条件要好。我决定入清华西洋文学系。这一个系有一套详细的教学计划，课程有古希腊拉丁文学、中世纪文学、文艺复兴文学、英国浪漫诗人、近代长篇小说、文艺评论、莎士比亚、欧洲文学史等。教授有中国人、英国人、美国人、德国人、波兰人、法国人、俄国人，但统统用英文讲授。我在前面已经谈到，我们中学没有听英文的练习。教大一英文的是美国小姐毕莲女士（Miss Bille）。头几堂课，我只听到她咽喉里咕噜咕噜地发出声音，“剪不断，理还乱”，却一点也听不清单词。我在中学曾以英文自负，到了此时却落到这般地步，不啻当头一棒，悲观失望了好多天，幸而逐渐听出了个别的单词，仿佛能“剪断”了，大概不过用了几个礼拜，终于大体听懂了，算是渡过了学英文的生平第一难关。

清华有一个古怪的规定：学英、德、法三种语言之一，从第一年X语，学到第四年X语者，谓之X语专门化（specialized in X）。实际上法语、德语完全不能同英语等量齐观。法语、德语都是从字母学起，教授都用英语讲授，而所谓第一年英语一开始就念 Jane Austin 的 *Pride and Prejudice*①。其余所有的课也都用英语讲授。所以这三个专门化是十分不平等的。

我选的是德语专门化，就是说，学了四年德语。从表面上来看，四年得了八个 E（Excellent，最高分，清华分数是五级制），但实际上水平并不高。教第一年和第二年德语的是当时北京大学德文系主任杨丙辰（震文）教授。他在德国学习多年，德文大概是好的，曾翻译了一些德国古典名著，比如席勒的《强盗》等等。他对学生也从来不摆教授架子，平易近人，常请学生吃饭。但是作为一个教员，他却是一个极端不负责任的教员。他教课从字母教起，教第一个字母 a 时，说：a 是丹田里的一口气。初听之下，也还新鲜。但 b、c、d 等等，都是丹田里的一口气，学生就窃窃私议了："我们不管它是否是丹田里的几口气。我们只想把音发得准确。"从此，"丹田里的一口气"就传为笑谈。

杨老师家庭生活也非常有趣。他是北京大学的系主任，工资相当高，推算起来，可能有现在教授的十几倍。不过在北洋军阀时期，常常拖欠工资，国民党统治前期，稍微好一点，到了后期，什么法币、什么银元券、什么金元券一来，钞票几乎等于手纸，教授们的生活就够呛了。杨老师据说兼五个大学的教授，每月收入可达上千元银元。我在大学念书时，每月饭费只需六元，就可以吃得很好了。可见他的生活是相当优裕的。他在北大沙滩附近有一处大房子，服务人员有一群，太太年轻貌美，天天晚上看戏捧戏子，一看就知道，他们是一个非常离奇的结合。杨老师的人生观也很离奇，他信一些奇怪的东西，

① 《傲慢与偏见》。

更推崇佛家的“四大皆空”。把他的人生哲学应用到教学上就是极端不负责任，游戏人间，逢场作戏而已。他打分数，也是极端不负责任。我们一交卷，他连看都不看，立刻把分数写在卷子上。有一次，一个姓陈的同学，因为脾气黏黏糊糊，交了卷，站着不走。杨老师说：“你嫌少吗？”立即把 S（superior，第二级）改为 E。

我就是在这样的情况下学习德语的。高中时期孙老师教的那一点德语早已交还了老师，杨老师又是这样来教，可见我的德语基础是很脆弱的。第二年仍然由他来教，前两年可以说是轻松愉快，但不踏实。

第三年是石坦安先生（Von den Steinen，德国人）教，他比较认真，要求比较严格，因此这年学了不少的东西。第四年换了艾克（G. Ecke，号锷风，德国人）。他又是一个马马虎虎的先生。他工资很高，又独身一人，在城里租了一座王府居住。他自己住在银安殿上，仆从则住在前面一个大院子里。他搜集了不少的中国古代名画。他在德国学的是艺术史，因此对艺术很有兴趣，也懂行。他曾在厦门大学教过书，鲁迅的著作中曾提到过他。他用德文写过一部《中国的宝塔》，在国外学术界颇得好评。但是作为一个德语教员，则只能算是一个蹩脚的教员。他对教书心不在焉。他平常用英文讲授，有一次我们曾请求他用德语讲，他立刻哇啦哇啦讲一通德语，其快如悬河泻水，最后用德语问我们，“Verstehen Sie etwas davon?”我们摇摇头，想说：“Wir verstehen nichts davon.”但说不出来，只好还说英语。他说道：“既然你们听不懂，我还是用英语讲吧！”我们虽不同意，然而如哑子吃黄连，有苦说不出。课程就照旧进行下去了。

但是他对我却产生了极大的影响。他喜欢德国古典诗歌，最喜欢 Hölderlin 和 Plateno。我受了他的影响，也喜欢起 Hölderlin 来。我的学士论文："*The Early Poems of Hölderlin*"，就是在他的影响下写的，他是指导教授。当时我大概对 Hölderlin 不会了解得太多，太深。论文的内容我记不清楚了，恐怕是非常肤浅的。我当时的经济情况很困难，有一次写了几篇文章，拿了点稿费，特别向德国订购了 Hölderlin 的豪华本的全集，此书我珍藏至今，念了一些，但不甚了了。

除了英文和德文外，我还选了法文。教员是德国小姐 Madmoiselle Holland，中文名叫华兰德。当时她已发白如雪，大概很有一把子年纪了。因为是独身，性情有些反常，有点乖戾，要用医学术语来说，她恐怕患了迫害狂。在课堂上专以骂人为乐。如果学生的答卷非常完美，她挑不出毛病来借端骂人，她的火气就更大，简直要勃然大怒。最初选课的人很多，过了没有多久，就被她骂走了一多半。只剩下我们几个不怕骂的仍然留下，其中有华罗庚同志。有一次把我们骂得实在火了，我们商量了一下，对她予以反击，结果大出意料，她屈服了，从此天下太平。她还特意邀请我们到她的住处（现在北大南门外的军机处）去吃了一顿饭。可见师徒间已经化干戈为玉帛，揖让进退，海宇澄清了。

我还旁听过俄文课。教员是一个白俄，名字好像是陈作福，个子极高，一个中国人站在他身后，从前面看什么都看不见。他既不会英文，也不会汉文，只好被迫用现在很时髦的"直接教学法"，然而结果并不理想，我只听到讲 Скажите пожалуйста（请您说！），其余则不甚了了。我旁听的兴趣越来越低，终于不再听了。大概只学了一些生词和若干句话，我第一次学习俄语的过程就此结束了。

我上面谈到，我虽然号称德文专门化，然而学习并不好。可是我偏偏得了四年高分。当我 1934 年毕业后，不得已而回到母校济南高中当了一年国文教员。之后，清华与德国学术交流处订立了交换研究生的合同，我报名应考，结果被录取了。我当年舍北大而趋清华的如意算盘终于真正实现了，我能到德国去留学了。对我来说，这真是天大的喜事。

可是我的德文水平不高，我看书大概是没有问题的，听、说则全无训练。到了德国，吃了德国面包，也无法立刻改变。我到德国学术交流处去报到的时候，一个女秘书含笑对我说："Lange Reise!"（长途旅行呀！）我愣里愣怔，竟没有听懂。我留在柏林，天天到柏林大学外国语学院专为外国人开的德文班去学习了六周，到了深秋时分，我被分配到哥廷根（Göttingen）大学去学习。我对于这个在世界上颇为著名的大学什么都不清楚。第一学期，我还没有能决定究竟学习哪一个学科。我随便选了一些课，因为交换研究生选课不用付钱，所以我尽量多选，我每天要听课六七小时。选的课我不一定都有兴趣，我也不能全部听懂。我的目的其实是通过选课听课提高自己的听的能力。我当时听德语的水平非常低，以前从来没有听过，这情况我在上面已经谈过。解放后，我们的外语教育，不管还有多少不能令人满意的地方，其水平和认真的态度是解放前无论如何也比不上的，这一点现在的青年不一定都清楚。因此我在这里说上几句。

我还利用另一种方式来提高自己的听说能力，这就是同我的女房东谈话。德国大学没有学生宿舍，学生住宿的问题学校根本不管，学生都住民房。我的女房东有一些文化水平，但不高。她喜欢说话，唠唠叨叨，每天晚上到我屋里来收拾床铺，她都要说上一大套，把一天的经过都说一遍。别人大概都不爱听，我却是求之不得，正好利用这个机会来练习听力。我的女房东可以说是一位很好的德文教员，可惜我既不付报酬，她自己也不知道讨报酬，她成了我的义务教员。

到了第二学期，我偶然看到 Prof. Waldschmidt 开梵文课的告示。我大喜过望，立刻选了这一门课。我在清华大学时，曾经想学梵文，但没有老师教，只好作罢。现在有了这样一个机会，我怎能放过呢？学生只有三个：一个乡村里的牧师，一个历史系的学生。Waldschmidt 的教学方法是德国通常使用的。德国 19 世纪一位语言学家主张，教学生外语，比如教学生游泳，把学生带到游泳池旁，一下子把他推下去，如果淹不死，他就学会游泳了。具体的办法是：尽快让学生自己阅读原文，语法由学生自己去钻，不在课堂上讲解。这种办法对学生要求很高。短短的两节课往往要准备上一天，其效果我认为是好的：学生的积极性完全调动起来了。他要同原文硬碰硬，不能依赖老师，他要自己解决语法问题。只有实在解不通时，教授才加以辅导。这个问题我在别的地方讲过，这里不再详细叙述了。

德国大学有一个奇特的规定：要想考哲学博士学位，必须选三个系，一个主系，两个副系。对我来说，主系是梵文，这是已经定了的。副系一个是英文，这可以减轻我的负担。至于第三个系，则费了一番周折。有一个时期，我曾经想把阿拉伯语作为我的副系。我学习了大约三个学期的阿拉伯语。从第二学期开始就念《古兰经》。我很喜欢这一部经典，语言简练典雅，不像佛经那样累赘重复，语法也并不难。但是在念过两个学期以后，我忽然又改变了想法，我想拿斯拉夫语言作为我的第二副系。按照德国大学的规定，拿斯拉夫语作副系，必须学习两种斯拉夫语言，只有一种不行。于是我在俄文之外，又选了南斯拉夫语。

教俄文的老师是一个曾在俄国居住过的德国人，俄文等于是他的母语。他的教法同其他德国教员一样，是采用把学生推入游泳池的办法。俄文每周两次，每次两小时，德国的学期短，然而我们却在第一学期内，读完了一册俄文教科书，其中有单词、语法和简单的会话，又念完果戈理的小说《鼻子》。我最初念《鼻子》的时候，俄文语法还没有学多少，只好硬着头皮翻字典。往往是一个字的前一半字典上能查到，后一半则不知所云，因为后一半是表变位或变格变化的。而这些东西，我完全不清楚，往往一个上午只能查上两行，其痛苦可知。但是不知怎么一来，好像做梦一般，在一个学期内，我毕竟把《鼻子》全念完了。下学期念契诃夫的剧本《万尼亚舅舅》的时候，我觉得轻松多了。

南斯拉夫语由主任教授 Braun 亲自讲授。他只让我看了一本简单的语法，立即进入阅读原文的阶段。有了学习俄文的经验，我拼命翻字典。南斯拉夫语同俄文很相近，只在发音方面有自己的特点，有升调和降调之别。在欧洲语言中，这是很特殊的。我之所以学南斯拉夫语，完全是为了应付考试。我的兴趣并不大，可以说也没有学好。大概念了两个学期，就算结束了。

谈到梵文，这是我的主系，必须全力以赴。我上面已经说过，Waldschmidt 教授的教学方法也同样是德国式的。我们选用了 Stenzler 的教科书。我个人认为，这是一本非常优秀的教科书。篇幅并不多，但是应有尽有。梵文语法以艰深复杂著称，有一些语法规则简直烦琐古怪到令人吃惊的地步。这些东西当然不是哪一个人硬制定出来的，而是历史发展自然形成的，利用比较语言学的方法都能解释得通。Stenzler 在薄薄的一本语法书中竟能把这些古怪的语法规则的主要组成部分收容进来，是一件十分不容易做好的工作。这一本书前一部分是语法，后一部分是练习。练习上面都注明了相应的语法章节。做练习时，先要自己读那些语法，教授并不讲解，一上课就翻译那些练习。第二学期开始念《摩诃婆罗多》中的《那罗传》。听说，欧美许多大学都是用这种方式。到了高年级，梵文课就改称 Seminar，由教授选一部原著，学生课下准备，上堂就翻译。新疆出土的古代佛典残卷，也是在 Seminar 中读的。这种 Seminar 制看似平淡无奇，实际上是训练学生做研究工作的一个最好的方式。比如，读古代佛典残卷时就学习了怎样来处理那些断简残篇，怎样整理，怎样阐释，连使用的符号都能学到。

至于巴利文，虽然是一门独立的课程，但教授根本不讲，连最基本的语法也不讲。他只选一部巴利文的佛经，比如《法句经》之类，一上堂就念原书，其余的语法问题，梵巴音变规律，词汇问题，都由学生自己去解决。

念到第三年上，我已经拿到了博士论文的题目，此时第二次世界大战已经正式爆发。我的教授被征从军。他的前任 E. Sieg 老教授又出来承担授课的任务。当时他已经有七八十岁了，但身体还很硬朗，人也非常和蔼可亲，简直像一个老祖父。他对上课似乎非常感兴趣。一上堂，他就告诉我，他平生研究三种东西：《梨俱吠陀》、古代梵文语法和吐火罗文，他都要教给我。他似乎认为我一定同意，连征求意见的口气都没有，就这样定下来了。

季羡林德国留学期间的学习簿。

我想在这里顺便谈一点感想。在那极“左”思潮横行的年代里，把世间极其复杂的事物都简单化为一个公式：在资产阶级国家里学习过的人或者没有学习过的人，都成了资产阶级。至于那些国家的教授更不用说了。他们教什么东西，宣传什么东西，必定有政治目的，具体地讲，就是侵略和扩张。他们决不会怀有什么好意的。Sieg 教我这些东西也必然是为他们的政治服务的，为侵略和扩张服务的。帝国主义的侵略扩张政策，谁也否认不掉。但是不是他们的学者在任何时间任何地方都为这个政策服务呢？我以为不是这样。像 Sieg 这样的老人，不顾自己年老体衰，一定要把他的“绝招”教给一个异域的青年，究竟为了什么？我当时学习任务已经够重，我只想消化已学过的东西，并不想再学习多少新东西。然而，看了老人那样诚恳的态度，我屈服了。他教我什么，我就学什么。而且是全心全意地学。他是吐火罗文世界权威，经常接到外国学者求教的信。比如美国的 Lane 等等。我发现，他总是热诚地罄其所知去回答，没有想保留什么。和我同时学吐火罗文的就有一个比利时教授 W. Couvreur。根据我的观察，Sieg 先生认为学术是人类的公器，多撒一颗种子，这一门学科就多得一点好处。侵略扩张同他是不沾边的。他对我这个异邦的青年奖掖扶植不遗余力。我的博士论文和口试的分数比较高，他就到处为我张扬，有时甚至说一些夸大的话。在这一方面，他给了我极大的影响。今天我也成了老人，我总是想方设法，为年轻的学者鸣锣开道。我觉得，只要我能做到这一点，我就算是对得起 Sieg 先生了。

我跟 Sieg 先生学习的那几年，是我一生挨饿最厉害，躲避空袭最多，生活最艰苦的几年。但是现在回忆起来却是最甜蜜的几年。甜蜜在何处呢？就是能跟Sieg先生在一起。到了冬天，大雪载途，黄昏早至。下课以后，我每每扶Sieg先生踏雪长街，送他回家。此时山林皆白，雪光微明，十里长街，寂寞无人。心中又凄清，又温暖。此情此景，终生难忘。

1946年我回国以后，当了外语教员。从表面上来看，我自己的外语学习任务已经完成了。但是实际上，并不是这个样子。对于语言，包括外国语言和自己的母语在内，学习任务是永远也完成不了的。真正有识之士都会知道，对于一种语言的掌握，从来也不会达到绝对好的程度，水平都是相对的。据说莎士比亚作品里就有不少的语法错误，我们中国过去的文学家、哲学家、史学家、诗人、词客等等，又有哪一个没有病句呢？现代当代的著名文人又有哪一个写的文章能经得起语法词汇方面的过细的推敲呢？因此，谁要是自吹自擂，说对语言文字的掌握已达到炉火纯青的程度，这个人不是一个疯子，就是一个骗子。我讲的全是实话，并不是危言耸听。从这个意义上来讲，我学习外语的任务并没有完成。在教学之余，我仍然阅读一些外文的书籍，翻译一些外国的文学作品，还经常碰到一些不懂的或者似懂而实不懂的地方，需要翻阅字典或向别人请教。今天还有一些人，自视甚高，毫无自知之明，强不知以为知，什么东西都敢翻译，什么问题都不在话下，结果胡译乱写，贻害无穷，而自己则沾沾自喜，真不知天下还有羞耻事！

“你学了一辈子外语，有什么经验和教训呢？”我仿佛听到有人这样问。经验和教训，都是有的，而且还不少。

我自己常常想到，学习外语，在漫长的学习过程中，到了一定的时期，一定的程度，眼前就有一条界线，一个关口，一条鸿沟，一个龙门。至于是哪一个时期，这就因语言而异，因人而异。语言的难易不同，而且差别很大；个人的勤惰不同，差别也很大。这两个条件决定了这一个龙门的远近，有的三四年，有的五六年，一般人学习外语，走到这个龙门前面，并不难，只要泡上几年，总能走到。可是要跳过这龙门，就决非易事。跳不跳过有什么差别呢？差别有如天渊。跳不过，你对这种语言就算是没有登堂入室。只要你稍一放松，就会前功尽弃，把以前学的全忘掉。你勉强使用这种语言，这个工具你也掌握不了，必然会出许多笑话，贻笑大方。总之你这一条鲤鱼终归还是一条鲤鱼，说不定还会退化，你决变不成龙。跳过了龙门呢？则你已经不再是一条鲤鱼，而是一条龙。可是要跳过这个龙门又非常难，并不比鲤鱼跳龙门容易，必须付出极大的劳动，表现出极大的毅力，坚忍不拔，锲而不舍，才有跳过的希望。做任何事情都有类似的情况。书法、绘画、篆刻、围棋、象棋、打排球、踢足球、体操、跳水等等，无不如此。这一点必须认清。跳过了龙门，你对你的这一行就有了把握，有了根底。专就外语来说，到了此时，就不大容易忘记，这一门外语会成为你得心应手的工具。当然，即使达到这个程度，仍然要继续努力，决不能掉以轻心。

学习外语，同学习一切东西一样，必须注重方法。我们过去尝试过许多教学外语的方法，都取得过一定的成绩。这一点必须承认。但是我们决不能迷信方法，认为方法万能。我认为，最可靠的不是方法，而是个人的勤学苦练，发挥主观能动性。这个道理异常清楚。各行各业，莫不如此。过去有人讲笑话，说除臭虫最好的办法不是这药那药，而是“勤捉”。其中有朴素的真理。

我学习外国语言，已经有六十多年的历史了。如今我已经到了垂暮之年。回顾这六十多年的历史，心里真是感慨万端。我学了不少的外国语言，但是现在应用起来自己比较有把握的却不太多。我上面讲到跳龙门的问题。好多语言，我大概都没有跳过龙门。连那几种比较有把握的，跳到什么程度，自己心中也没有底。想要对今天学外语的年轻人讲几句经验之谈，想来想去，也只有勤学苦练一句，这真是未免太寒碜了。然而事实就是这个样子，这真叫做没有办法。学什么东西都要勤学苦练。这个真理平凡到同说每个人只要活着就必须吃饭一样。你不说，人家也会知道。然而它毕竟还是真理。你能说每个人必须吃饭不是真理吗？问题是如何贯彻这个真理。我只希望有志于掌握外语的年轻人说到做到。每个人到了一定的阶段，都能跳过龙门去。我们祖国今天的建设事业要求尽量多的外语人材，而且要求水平尽量高的。希望我们大家共同努力，达到这个神圣的目的。

1986 年 9 月 12 日写完

我是怎样研究起梵文来的

我是怎样研究起梵文来的？这确实是一个很有意思的问题。对于这个问题，我过去没有考虑过。我考虑得最多的反而是另一个问题：如果我现在能倒转回去50年的话，我是否还会走上今天这样一条道路？然而，对于这个问题，我的答复一直是摇摇摆摆，不太明确。这里就先不谈它了。

我现在只谈我是怎样研究起梵文来的。我在大学念的是西方文学，以英文为主，辅之以德文和法文。当时清华大学虽然规定了一些必修课，但是学生还可以自由选几门外系的课。我大概从一开始就是一个杂家，爱好的范围很广。我选了不少外系的课。其中之一就是朱光潜先生的“文艺心理学”。另一门是陈寅恪先生的“佛经翻译文学”。后者以《六祖坛经》为课本。我从来就不相信任何宗教，但是对于佛教却有浓厚的兴趣。因为我知道，中国同印度有千丝万缕的文化关系，很想了解一下，只是一直没有得到机会。陈先生的课开扩了我的眼界，增强了我的兴趣。我曾同几个同学拜谒陈先生，请他开梵文课。他明确答复，他不能开。在当时看起来，我在学习梵文方面就算是绝了望。

但是，天底下的事情偶然性有时是会起作用的。大学毕业后，我在故乡里的高中教了一年国文。一方面因为不结合业务；另一方面我初入社会，对有一些现象看不顺眼，那一只已经捏在手里的饭碗大有摇摇欲坠之势，我的心情因而非常沉重。正在这走投无路的关键时刻，天无绝人之路，忽然来了一个偶然的机会，我有了到德国去学习的可能。德国对梵文的研究，是颇有一点名气的，历史长，名人多，著作丰富，因此有很大的吸引力。各国的梵文学者很多是德国培养出来的，连印度也不例外。有了这样一个机会，我那藏在心中很多年的宿愿一旦满足，喜悦之情是无法形容的。

到了德国，入哥廷根（Göttingen）大学从瓦尔德施密特（E. Waldschmidt）教授学习梵文和巴利文。他给我出的论文题目是关于印度古代俗语语法变化，从此就打下了我研究佛教混合梵文的基础。苦干了五年，论文通过、口试及格。由于战争，回国有困难，被迫留在那个小城里。瓦尔德施密特教授应召从军。他的前任西克（E. Sieg）教授年届八旬，早已退休。这时就出来担任教学工作。实际上只有我一个学生。西克教授是闻名全世界的研究吐火罗文的权威。费了几十年的精力把这种语言读通了的就是他。这位老人，虽然年届耄耋，但是待人亲切和蔼，对我这个异邦的青年更是寄托着极大的希望。他再三敦促我跟他学习吐火罗文和吠陀。我却不过他的美意，就开始学习。这时从比利时来了一个青年学者，专门跟西克教授学习吐火罗文。到了冬天，大雪蔽天，上完课以后，往往已到黄昏时分。我怕天寒路滑，老人路上出危险，经常亲自陪西克先生回家。我扶着他走过白雪皑皑的长街，到了他家门口，看着他的背影消失在薄暗中，然后才回家。此景此情，到现在已相距四十年，每一忆及，温暖还不禁涌上心头。

当时我的处境并不美妙。在自己的祖国，战火纷飞，几年接不到家信，“烽火连三月，家书抵万金”。没有东西吃，天天饿得晕头转向，头顶上时时有轰炸机飞过，机声震动全城，仿佛在散布着死亡。我看西克先生并不在意，每天仍然坐在窗前苦读不辍，还要到研究所去给我们上课。我真替他捏一把汗。但是他自己却处之泰然。这当然会影响了我。我也在机声嗡嗡、饥肠辘辘中终日伏案，置生死于度外，焚膏油以继晷，同那些别人认为极端枯燥的死文字拼命。时光一转眼就过去了几个年头。

如果有人要问，我这股干劲是从哪里来的？这确实是一个比较复杂的问题，三言两语是说不清楚的。简单地列出几个条条，也难免有八股之嫌。我觉得，基础是对这门学科的重要性的认识。但是，个人的兴趣与爱好也决不可缺少。我在大学时就已经逐渐认识到，研究中国思想史、佛教史、艺术史、文学史等等，如果不懂印度这些方面的历史，是很难取得成绩的。中印两国人民有着长期的文化交流、友好往来的历史传统。这个传统需要我们继承与发展。至于个人的兴趣与爱好是与这个认识有联系的，但又不是完全决定于认识。一个人如果真正爱上了一门学科，那么，日日夜夜的艰苦劳动，甚至对身体的某一些折磨，都会欣然忍受，不以为意。

此外，我还想通过对这方面的研究把中国古代在这方面的光荣传统发扬光大。人们大都认为梵文的研究在中国是一门新学问。拿近代的情况来看，这种看法确实是正确的。宋朝以后，我们同印度的来往逐渐减少。以前作为文化交流中心的佛教，从十一二世纪开始，在印度慢慢衰微，甚至消亡。西方殖民主义东来以后，两国的往还更是受到阻拦。往日如火如荼的文化交流早已烟消火灭。两国人民都处在水深火热中，什么梵文研究，当然是谈不上了。

但是，在宋代以前，特别是在唐代，情况却完全是另一个样子。在当时，我们研究梵文的人数是比较多、水平是比较高的。印度以外的国家能够同我们并驾齐驱的还不多。可惜时过境迁，沧海桑田，不但印度朋友对于这一点不清楚，连我们自己也不甚了了了。

解放以后，我曾多次访问印度。印度人民对于中国人民的热情，深深地打动了我的心。很多印度学者也积极地探讨中印两国文化交流的历史，从而从历史上来论证两国人民友好的必要性和必然性。但是，就连这一些学者也不了解中国过去对梵文研究有过光荣的传统。因此，我们还有说明解释的必要。前年春天，我又一次访问印度，德里大学开会欢迎我，我在致词中谈到中印文化交流的历史比我们现在一般人认为的要早得多。到了海德拉巴，奥思曼大学又开会欢迎我。看来这是一个全校规模的大会，副校长（实际上就是校长）主持并致欢迎词。他在致词中要我讲一讲中国的教育与生产劳动相结合的问题。我乍听之下大吃一惊：这样一个大题目我没有准备怎么敢乱讲呢？我临时灵机一动，改换了一个题目，就是中国研究梵文的历史。我讲到，在古代，除了印度以外，研究梵文历史最长、成绩最大的是中国。这一点中外人士注意的不多。我举出了很多的例子。在《大慈恩寺三藏法师传》里有一段讲梵文语法（声明）的记载。唐智广的《悉昙字记》是讲梵文字母的。唐义净的《梵语千字文》是很有趣的一部书，它用中国的老办法来讲梵文，它只列举了大约千把个单词：天、地、日、月、阴、阳、圆、距、昼、夜、明、暗、雷、电、风、雨等等，让学梵文的学生背诵。义净在序言中说："不同旧《千字文》。若兼《悉昙章》读梵本，一两年间，即堪翻译矣。"我们知道，梵文是同汉文完全不同的语言，语法变化异常复杂，只学习一些单词儿，就能胜任翻译吗？但是，义净那种乐观的精神，我是非常欣赏的。此外还有唐全真的《唐梵文字》和唐礼言集的《梵语杂名》，这是两部类似字典的书籍。《唐梵文字》同《梵语千字文》差不多。《梵语杂名》是按照分类先列汉文，后列梵文，不像现在的字典一样按照字母顺序这样查阅方便。但是，用外国文写成的梵文字典这部书恐怕要归入最早的之列了。

至于唐代学习梵文的情况，我们知道的并不多。《续高僧传》卷四《玄奘传》说："（玄奘）顿迹京辇，广就诸蕃，遍学书语，行坐寻授，数日便通。"可见玄奘是跟外国人学习印度语言的。大概到了玄奘逝世后几十年的义净时代，学习条件才好了起来。我们上面已经讲到，义净等人编了一些学习梵语的书籍，这对学习梵语的和尚会有很大的帮助。对于这些情况，义净在他所著的《大唐西域求法高僧传》中有所叙述。《玄照传》说："以贞观年中乃于大兴善寺玄证师处，初学梵语。"《师鞭传》说："善禁咒，闲梵语。"《大乘灯传》说："颇闲梵语。"《道琳传》说："到东印度耽摩立底国，住经三年，学梵语。"《灵运传》说："极闲梵语。"《大津传》说："泛舶月余，达尸利佛逝洲。停斯多载，解昆仑语，颇习梵书。"贞固等四人"既而附舶，俱至佛逝，学经三载，梵汉渐通"。义净讲到的这几个和尚，有的是在中国学习梵语，有的是在印度尼西亚学习。总之，他们到印度之前，对梵语已经有所了解了。

上面简略地叙述了中国唐代研究梵文的情况，说明梵文研究在中国源远流长，并不是什么新学问，我们今天的任务是继承和发扬；其中当然也还包含着创新，这是不言自喻的。

我们今天要继承和发扬的，不仅仅在语言研究方面。在其他方面，也有大量的工作可做。我们都知道，翻译成中国各族语文的印度著作，主要是佛教经典，车载斗量，汗牛充栋。这里面包括汉文、藏文、蒙文、满文，以及古代的回鹘文、和阗文、焉耆文、龟兹文等等。即使是佛典，其中也不仅仅限于佛教教义，有不少的书是在佛典名义下的自然科学，比如天文学和医学等等。印度人民非常重视这些汉译的佛典，认为这都是自己的极可宝贵的文化遗产。可惜在他们本国早已绝迹，只存在于中国的翻译中。他们在几十年以前就计划从中文再翻译回去，译成梵文。我在解放初访问印度的时候，曾看到过他们努力的成果。前年到印度，知道这工作还在进行。可见印度人民对待这一件工作态度是严肃认真的，精神是令人钦佩的。我们诚挚地希望他们会进一步作出更大的成绩。我们中国人民对于这一个文化宝库也应当作出相应的努力，认真进行探讨与研究。今天世界上许多国家，比如欧美的学术比较发达的国家和东方的日本，在这方面研究工作上无不成绩斐然。相形之下，我们由于种种原因显然有点落后了。如不急起直追，则差距将愈来愈大，到了“礼失而求诸野”的时候，就将追悔莫及了。

此外，在中国浩如烟海的史籍中，有大量的有关中国与南亚、东南亚、西亚、非洲各国贸易往还、文化交流的资料。这是世界上任何国家都比不上的，是人类的瑰宝。其中关于印度的资料更是特别丰富、特别珍贵。这些资料也有待于我们的搜罗、整理、分析与研究。有一个非常可喜的现象，这就是，最近一些年以来，印度学者愈来愈重视这一方面的研究，写出了一些水平较高的论文，翻译了不少中国的资料。有人提出来，要写一部完整的中印文化关系史。他们愿意同中国学者协作，为了促进中印两国人民的传统友谊，加强两国人民的互相了解而共同努力。我觉得，我们在这方面也应当当仁不让，把这一方面的研究工作开展起来。

至于怎样进行梵文和与梵文有关的问题的研究，我的体会和经验都是些老生常谈，卑之无甚高论。我觉得，首先还是要认识这种研究工作的重要意义。在这个前提下，持之以恒，锲而不舍，不怕任何困难，终会有所成就。一部科学发展史充分证明了一个事实：只有努力苦干、争分夺秒、不怕艰苦攀登的人，才能登上科学的高峰。努力胜于天才，刻苦超过灵感，这就是颠扑不破的真理。如果脑袋里总忘不掉什么八小时工作制，朝三暮四，松松垮垮，那就什么事情也做不成。我们古人说："一寸光阴一寸金，寸金难买寸光阴。"谁要是不懂珍惜时间，那就等于慢性自杀。当然，我们也不能忘记："一张一弛，文武之道也。"会工作，还要会休息，处理好工作与休息的辩证关系，紧张而又有节奏地生活下去，工作下去。

在这里，我还想讲一点个人的经历。我在国外研究的主要是印度古代的俗语和佛教混合梵文。最后几年也搞了点吐火罗文。应该说，我对这些学科发生了浓厚的兴趣。但是，回国以后，连最起码的书刊资料都没有。古人说："巧妇难为无米之炊。"何况我连一个"巧妇"也够不上！俗话说："有多大碗，吃多少饭。"我只有根据碗的大小来吃饭了。换句话说，我必须改行，至少是部分地改行。我于是就东抓西挠，看看有什么材料，就进行什么研究。几十年来，成了一个名副其实的杂家。有时候，也发点思旧之幽情，技痒难忍，搞一点从前搞过的东西。但是，一旦遇到资料问题，明知道国外出版了一些新书，却是可望而不可即。只好长叹一声，把手中的工作放下。其中酸甜苦辣的滋味，诚不足为外人道也。

这样就可以回到我在本文开始时提到的那一个问题：如果

我现在能倒转回去 50 年的话，我是否还会走上今天这样一条道路？我为什么会提出这样一个看起来似乎非常奇怪的问题，现在大概大家都明白了。这个问题本身就包含着一点惋惜、一点追悔、一点犹疑、一点动摇，还有一点牢骚。我之所以一直有这样一个问题，一直又无法肯定地予以答复，就因为我执着于旧业，又无法满足愿望。明知望梅难以止渴，但有梅可望比无梅不是更好一些吗？现在情况已经有了改变：祖国天空里的万里尘埃已经廓清，四化的金光大道已经辉煌灿烂地摆在我们眼前。我们西北一带——新疆和甘肃等地区出土古代语文残卷的佳讯时有所闻。形势真有点逼人啊！这些古代语文或多或少都与梵文有点关系。不加强梵文的研究，我们就会像患了胃病的人，看到满桌佳肴，却无法下箸。加强梵文和西北古代语文的研究已刻不容缓。这正是我们努力加鞭的大好时光。困难当然还会有的，而且可能还很大。但是克服困难的可能性已经存在。倘若我现在再对自己提出上面说的那一个问题，那么我的答复是非常明确、决不含糊的：如果我现在能够倒转回去 50 年的话，我仍然要走这样一条道路。

1980 年 2 月 26 日写毕

汉语与外语

一、问题的提出

我们正处在20世纪的世纪末中，也可以说是处在第二千纪的千纪末中，再过几年，一个新的世纪，21世纪和一个新的千纪，第三千纪，就要来到我们眼前。值此世纪和千纪转轨之际，学术界的各门学科都在进行回顾与前瞻，我们语言学界当然也不会例外。在过去将近一百年中，我们学术界以及学术界以外一些人士，对待外语的态度有天翻地覆的转变。总的发展趋势是，由世纪初的漠然懵然进到了世纪末的肃然狂然。时至今日，不但大中小学都有了英文教学，连给店铺起名，给商品命名，给新生婴儿起名字，都非带点洋味不行，连官方的电台也称之为XTV。如此等等，不一而足。这是好事呢，还是坏事？这是进步呢，还是退化？兹事体大，非三言两语可以说清楚的，这里先不深入探讨。但是，我个人总认为，这是大势所趋，这是世界潮流所向，九斤老太头摇得再厉害，也无济于事。

但是，我们语言学界也不能特立独行，我们也不能反潮流，我们也必须在回顾与前瞻的基础上思考与语言有关的问题。问题是千头万绪，决不能毕其功于一役。我先提出一个在我们日常活动中和学术研究中汉语与外语的关系问题，来谈一谈我个人的看法。

二、当前的情况

社会上一般的情况，我已在上面稍有所涉及，我在这里集中谈学术界的情况，特别是北京大学的情况，后者是有些代表性的。

北大是处在社会中的，并非世外桃源。社会上弥漫着的外国热——简短截说，实际上就是英语热——当然会波及北大；不但波及，而且变本加厉。可是根据我多年的仔细地观察与体会，我终于发现，尽管在这里英语热热得发烫；但是，该学的人中却有不爱学者，而在学习的人中，学习的方式和目的都令人担忧。

什么叫"该学的人"呢？我首先指的是教师，而且不是哪一科的教师，而是所有的教师。到了今天，大家都会承认，所有的国家，所有的学科，都是世界性的，国际性的，哪一科也不能自我封闭，闭关锁国。如果真想这样做的话，其无前途完全是可以断言的。就拿中国国学来说，表面上来看，这是中国的学问，中国学者不通外语，完全能够玩得转的。然而，如果不是井蛙观天而是放眼世界的话，则立刻就能发现，别的国家也在研究我们的"国学"，而且由于研究基础和传统的不同，由于研究角度和方式的差异，往往能发我们所未发之覆。这样的例子比比皆是，俯拾即得，不承认是不行的。中国古人早就认识到这个真理了，他们说"他山之石，可以攻玉"，讲的就是这个道理。外国汉学家往往喜欢搞一些很小很偏僻的题目，搞一些我们中国国学家所疏忽不注意的题目，搞一些由于语言条件的限制而我们搞不了的课题。这些题目完全可以弥补我们的不足，使我们的国学研究涵盖面更广，钻研得更深。这会大大地有利于我们的国学研究，彰彰在人耳目，不言自明。至于国学以外的其他国际通行的学科，我们更需要随时了解世界各国同行们的研究情况，决不允许闭门造车，其道理更是人人都能明白的，解释反而会成为赘疣。

能做到这一步，必须通外语。

现在北大流行一种说法：我们的学科要与外国接轨。我认为这个说法提得好，提得鲜明生动，是不易之理，也是我们中国学术界进步的表现。但是，如果想接轨，必须首先知道，轨究竟在什么地方，否则自己的轨往哪里去接呢？乱接一气，驴唇对不上马嘴，接这样的轨有什么用处呢？

真想接轨，必须通外语。

事实上，有一些轨就在眼前，比如说到外国去参加国际学术讨论会，出席的基本上都是同行的学者，这些就是摆在眼前的轨，要想接立刻就能接上。然而，“眼前有轨接不得，只缘缺乏共同语”。我曾多次参加国外举办的国际学术讨论会。有时候我国派出去规模相当大的代表团，参加者多为著名的学者，个个满腹经纶，学富五车，在国内国际广有名声。如果请他用中国话作学术报告，必然是广征博引，妙语连珠，滔滔如悬河泻水，语惊四座。然而，我们的汉语，虽然在世界上使用的人数居众语的前列；可惜由于种种原因还没有能争取到国际学术通用语的地位，一出国门，寸步难行。没有哪一个在国外召开的学术会议规定汉语为会上发表论文的通用语，我们只好多带翻译。然而有不少会议规定，参加主席团不能带翻译，宣读学术论文不能带翻译。于是不会说洋话的代表团长（在国内往往是个官）只好退避三舍，成为后座议员。而有一些很有价值的优秀论文也得不到向国外同行们显示的机会。

在会议休息时，往往到大客厅里去喝点咖啡或茶，吃点点心，这正是不同国家的学者们交流感情、增强友谊的好时机。每一位学者手端一杯饮料，这里聊上几句，那里侃上一阵，胡谈乱侃中，往往包含着最新的学术消息。如果有共同的语言，这真是如鱼得水，不费吹灰之力，就能“秀才不出厅，便知天下事”。然而可惜的是我们中国的学者，只带了一张嘴，然而却没有带语言工具，除了点头微笑之外，连“今天天气，哈，哈，哈”都说不出来。尴尬之态可掬，只好找中国人扎堆儿谈话。

参加国外学术会议，必须通外语。

我在上面举的这几个必须学习外语的例子，只是顺手拈来，一点求全的意思也没有。真想求全，是办不到的，也是没有必要的。我觉得，仅仅这三个小例子也足以令人触目惊心了。我谈的对象也决不仅仅限于大学的圈子，这个圈子以外的所有的科研机构中的人员，都应当包括在里面的。至于在政府部门，不管是经济、教育、法治、国防，等等，等等，都必须同外国同行或非同行打交道。语言不能沟通，必须配备翻译，翻译必须学外语，而且还要学好外语，这属于常识之列，用不着多说了。

我现在想从另外一个角度来谈一谈学习外语的必要性。不管是在大学，还是在科研部门，研究学问第一步要懂目录学，特别是与自己研究的学科有关的目录学，这是必不可少的一步。中国有造诣的学者，比如说乾嘉诸大师，以及西方各门学科有成就的学者，无不如此。不通目录学，不看新杂志，你连一个值得研究的题目都不会找到。研究学问，不能闭着眼睛捉麻雀。一个题目，特别是在自然科学内，如果别的国家的学者已经研究过，而且已经得出了结果，你懵懂无知，又费上力量，从事研究。如果真出现这种情况，将会腾笑士林，无颜见人。在人文社会科学中，情况与此稍有区别。比如一个庄子，别人能研究，你当然也能研究。因为人文社会科学有一些题目不是钉是钉，铆是铆，同一个题目结果也能够而且允许不同的。即使是这样，人文社会科学者也必须了解国内外与自己研究有关的进展情况，与自己看法相同的可以增加研究信心，与自己看法不同的可以供自己进一步推敲和思考。而且研究学问，不是创作写诗，你必须认真搜集资料，资料越多越好，要有“竭泽而渔”的气魄。古代学者只搜集中国材料就足够了。我们处于今天信息爆炸的时代，搜集资料只限于中国是绝对不行的，必须放眼世界。这是时势使然，不这样做，是不行的，而想做到这一步，必须学习外语。

根据我上面的极简短的说明，人们已经可以知道，在当前中国，学习外语的重要性已昭如日月。我既讲了北大的教师，也讲到了北大以外的科学工作者。很可惜，在这些人中，不懂外语的和所懂不多的，人数并不算太少。更可惜的是，他们自我感觉极为良好，对学习外语的重要性似乎一点也不理会。我希望，这种局面能够尽快改变。

在“该学的人”之外，我还必须提到一类“学者”，我的意思是指“学的人”或者“爱学的人”。他们爱学外语，当然是一件绝大的好事。但是我又说到，他们学习的方式和目的都令人担忧。这是什么意思呢，这一类人中，青年学生较多。他们学习得非常刻苦，除了上正课以外，有的还参加什么“英语强化班”，有的简直到了废寝忘食的程度。他们真懂得了学习外语（首先是英语）的重要性了吗？倘你进一步深入了解，可以说，在一种特殊的意义上，他们是懂得的。英语是一把金钥匙，可以帮他们打开出国的大门，可以帮他们拿到绿卡，可以使他们异化为非中国人。这是学习的目的，目的决定学习方式。指导他们学习的指挥棒就是大名鼎鼎的托福和 GRE。这两个指挥棒怎样指挥，他们就怎样跟着转，不肯也不敢越雷池一步。这样学外语会得到一个什么结果，可以想见。抱着这样的目的，使用这样的方式来学习外语，难道还不令人担忧吗？

三、我对出国留学的看法

读了上面我写的那一些话，也许有人会怀疑我是反对出国留学的。

不，不，绝对不是这样。我不但不反对中国青年学生出国留学，而且真诚地积极地希望和帮助他们这样做。不但年轻学生，连并不年轻的教员，不管是哪一门学科的，我都希望他们能够出国看一看，学一学，时间可长可短，走的国家可多可少，访问和学习的方式可以多种多样。多少年来，世界各国的人士都承认，现在的世界越变越小了。不但“鸡犬之声相闻，老死不相往来”的时代早已被我们远远地抛在后面，连法显、玄奘、义净时代到天竺去取经要经过艰难跋涉，千辛万苦的情况，也早已成为历史陈迹。当今之世，出国千里万里，朝发夕至，人类连当年被认为是“天上宫阙”的月球都能够登上。要想再当井底之蛙，是决无可能的。何况我们这一些在大学或其他科研机构学习和工作的人，更需要放眼世界，否则学习和工作都决无前途。因此我才有上面说到的那些想法和希望。

但是，我希望我们中国的老、中、青年的学者们，甚至包括一些学生在内都能够到国外去看一看，学一学，其目的同当前的人数不能算是太少的青年们努力通过托福和GRE考试的目的是绝对不相同的，是针锋相对的。我希望，他们看一看、学一学之后还要回到我们的祖国来，用看到的和学到的本领来建设我们的国家。而那些兀兀穷年，废寝忘食努力学习外语，通过必要的测试终于到了外国的青年人，他们的最终目的是能拿到绿卡，放弃了中国国籍。正如中国俗话所说的那样：牛肉包子打狗，一去不回头。

我是坚决反对和蔑视这种行为的。

但我自己并不是一个极端狭隘的民族主义者。在今天的世界上，放弃一个国籍，取得一个新国籍，这完全是个人的行动，并不是犯法的行为。可是我觉得对这个问题必须作具体的分析，不能眉毛胡子一把抓。所谓“具体的分析”者，就是要看为什么，在什么时候，加入什么国家，放弃什么国家。这话太玄虚，还是直白地说为好。我不讲别的国家，只讲中国与美国。中国是一个穷国，而美国是一个富国，就眼前来说，这是最大的区别。嫌贫爱富，虽然说是人之常情，但是却一向为中国伦理道德所鄙视。西方国家的伦理道德可能是完全不一样的，他们可能认为这是正常和正当的行为，别人无权说三道四。

但是，在中国则不然。前几年，我曾写过一篇文章《一个老知识分子的心声》。其中我谈到，几千年来，中国的知识分子养成了两个突出的特点，一个是爱国主义，一个是讲骨气，两者有联系，又有区别。存在决定意识，这两个特点也是中国历史存在所决定的。中国从先秦起，每一个朝代都有“边患”，也就是外敌的侵略和骚扰。这些外敌今天可能已融入中华民族大家庭中，但在当年却确是敌人，屠杀我人民，强占我土地。

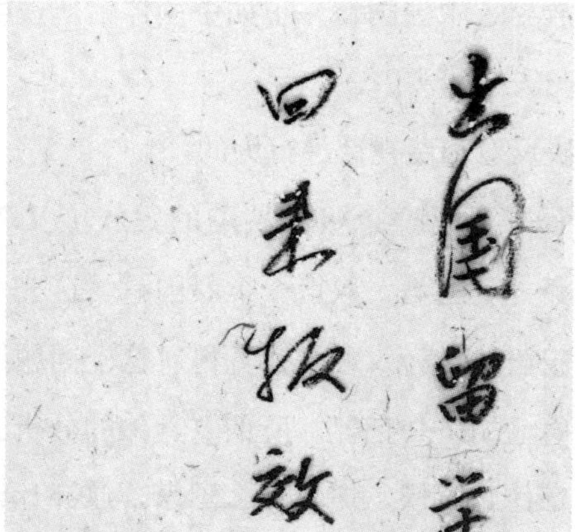

“出国留学好好学习，回来报效祖国”

这种长达几千年的外敌压境的情况，就决定了中华传统的爱国主义。像岳飞、文天祥、林则徐等等家喻户晓的爱国人物，没有外敌的国家是不会产生的。

至于讲骨气，则与此有联系，又有区别。在外寇的斧钺面前，决不贪生怕死，这也是爱国主义的一种表现。在别的地方，中国人也讲骨气。宁愿饿死也不吃嗟来之食，几千年来在中国传为美谈。三国时候，祢衡击鼓骂曹；民国时候，章太炎赤足持扇胸佩大勋章站在新华门前痛骂袁世凯；解放前夕，朱自清忍饥不吃美援面粉，如此等等，都传为佳话，表现了中国人民的硬骨头。

眼前，我们国家社会正处在转型时期，由于众多的原因造成了我们仍然是一个穷国，人们，当然包括知识分子在内，工资极低，同国外比较起来，简直让人感到寒碜和脸红。我认为，这只能是一个暂时的过渡现象，将来一定会改变的。我们眼前的日子确实过得非常紧，可并没有看到哪一个知识分子真正挨饿的。而且按照中国古老的传统，越是在困难中越应该显出我们的骨气。“岁寒然后知松柏之后凋也。”这句话道出了中国知识分子的心声。

然而，可悲的是，这一个在世界民族之林中也能称得上独特的值得称扬的优良传统，今天已被许多中国青年人忘掉了，忘得无影无踪了。为了生活得好一点，多捞一些美元，竟忍气吞声心甘情愿地住在一个中国人被视为不知是几等（反正连二等也够不上）公民的国家里，天天吃着嗟来之食，我真想问一声：美国的黄油面包你咽得下去吗？自己国家的事办不好，有骨气的人都应当咬一咬牙，排除万难，把自己的事办好，焉得厚着脸皮赖在人家的国家里不走！

请大家千万不要误会，我并不是笼统地反对加入外国国籍。有的中国人，虽然入了美国籍；但身在异域，心悬中华，想方设法，帮助祖国办好教育，搞好科研，希望祖国真正富强起来。这样的人，在别的国家是极少见的。有的西方国家的人，一旦异化为美国人，就弃自己原来的祖国若敝屣，这同他们缺少真正的爱国主义这一件事实是密切相联的。

但是，话又说了回来，我对那些极少数身处异域，心悬中华的人，虽然有点尊敬；但是，我的尊敬是有限度的。在我的心理天平上，这种人同学成回国宁愿一箪食一瓢饮的人，分量是有相当大的悬殊的。

四、语言，特别是外语的功能

上面的话扯得太远了，还是收回来谈语言问题为宜。

语言是什么？如果硬钻牛角，世界上许多语言学派都有自己对语言下的定义，我个人觉得，这些定义都有片面的道理；但都有偏颇之处。我在这里不是写论语言的专著，我想完全不理会那些定义，我想只用传统的对语言的看法也就够了，这种看法就是语言是人类交流思想的工具。这是不是就是想说，只有人类才有思想，因而才有思想交流的工具呢？也还不这样简单。人类中有哑巴一种人，他们无语言而有思想，想要交流，只能靠手势。至于他们如何理解外在的世界，恐怕永久会成为一个谜，除非哑巴忽然能说了话，别人实无法越俎代庖。这问题我在这里先不谈。

至于禽兽有无语言，我知道，国外个别语言学家是主张禽兽也有语言的。这个问题同我现在要谈的问题无关，我在这里也先不谈。

我现在谈语言的功能，特别是外语的功能。对我们懂汉语又懂外语的人来说，同外国人交流思想，外语是绝对不可缺少的。然而，我却听说，30 年代一个国民党政府驻意大利的公使（那时候还没有大使）只用一个意大利文相当于汉语“这个”的词儿，就能指挥使馆里的意大利工作人员完成他的指示。比如说，他指着窗子说“这个”“这个”。意大利人一看窗子，如果是开着，就把它关上；如果是关着，就把它打开。于是任务完成，皆大欢喜。其余的事情可以此类推。宋代赵普以半部《论语》治天下，我们的公使先生以“这个”一词治大使馆，古今异曲同工，堪称佳话。然而外语之为用渺乎小矣！

这当然是一个极端的例子，然而确实是事实。如你不信，我再举一个例子。50 年代我随中国科学院代表团赴东德开会，在莫斯科旅馆中碰到一位中国民主妇联的领导人，一位著名的国际活动家。她是从中国到日内瓦去开会的，孤身一人，一个翻译也没有带，而她自己又下那一位公使一筹，连外语的“这个”也不会说。然而竟能行万里路，从容不迫。我们私下议论，实在猜不透她在路上是怎样生活的。这也是一个事实。外语的功能又显得渺小了。

但是，我必须郑重声明，这些个别的例子，虽为事实，实不足为训。那一位到了日内瓦参加会议时必定会用翻译的。那一位公使在外交谈判中只用“这个”，也是办不到的。我决不是劝人不学外语，而是劝人外语学得越多越好。我只想告诉读者，汉语和外语的功能都不是绝对化的。我们不是哑巴能够说话，但有时还未免要动用手势。中国古时就有言意之辨，言是难以尽意的。不管怎样，我个人的经验是，掌握汉语或外语越好，则动用手势越少；反之则越多，而产生误会的机会也就越多，这种情况有时会影响思想交流，影响社会生活。在关键时刻，还会贻误“戎机”，产生极其恶劣的影响。因此我们必须尽上一切力量掌握好汉语和外语。

五、翻译的危机

一个人掌握一种外语，已极不易，遑论多种！但是，居今之世，国与国之间必须打交道，打交道就必须靠翻译。这已是常识，不必多谈。

中国是最早的有翻译的国家，在先秦典籍中，己有翻译的记载。自从汉代印度佛教传入中国以后，中印高僧以及其他一些中亚民族的高僧，从事译经工作者，代不乏人。明末欧风东渐，又掀起了一股从西方语言译为汉文的高潮。此外，还有古今少数民族，如藏、蒙、回鹘等等，也都翻译了大量的佛典。到了近代和现当代，翻译的范围日益扩大，翻译的功能日益显著。在某一些方面，已经到了没有翻译就无法过日子的程度了。

从上面极其简略的叙述中，我们已经可以断言，从古至今，从实践到理论，中国都可以算是世界翻译第一大国。然而，根据我个人的经验和观察，中国现在存在着相当严重的翻译危机。我们翻译的量不是世界第一；我们翻译的面也不是世界第一；我们翻译的及时程度更不是世界第一。在这些方面，日本都走在我们前面。我个人没有研究过日本的翻译，他们的质量怎样，我不敢瞎说。但是，我们中国当前的翻译质量却不能不令人忧心忡忡。我接触的翻译并不是太多；但是，仅就我接触到的那一些来说，质量或多或少是有问题的，其中原因很多。有的译者外语水平不高，又不肯下死工夫去学习，急功近利，靠翻字典来翻译。有的人自以为是，连字典也不肯翻，抓住一本书，就译开了。其结果如何，不问可知。出版社的所谓责任编辑，有的通外语，有的通之不多，他们有的不肯核对原文。社会上，出版界，又缺乏有力的审查和监督制度。我认为，这是一种极不负责的态度。现在有某一些译本，不用查原文，仅从汉文不通之处，就能推知译文是有问题的。可惜这种危机现象还并没有能引起社会上，尤其是文艺界和学术界的普遍关注，一味听之任之，文恬武嬉，天下太平。

然而，我的心里面却无论如何也太平不下去，我深深知道翻译的重要性。从外国原作者来说，不管他们的学问多么大，书写得多么精彩，对不懂原书的语言的外国人来说却都是像天书一般。谁也没有如来佛那样大的本领，有天眼通，有天耳通，能识尽人世间一切文字和语言。在世界各国，不管你能通多少外语，反正不能尽通。像这样能通多种外语的人，还不得不依靠翻译，遑论他人！就全体而论，我们中国人，尽管谁也不敢说我们缺少学习外语的天才；可是，事实上，我们由于种种原因，同东方一些国家相比，我们中国的外语水平还是比较低的。专以英文水平而论，我们普遍性和水平较之印度，甚至亚洲和非洲的一些国家，还是有相当差距的。不承认这一点，不能算是实事求是的态度。

学习外语，浅尝辄止，似乎并不困难。但要精通，却必须付出极大的劳动，还必须有相当高的才能。两者缺一不可。我举口译作一个例子。50年代和60年代前半期，周恩来总理接见外宾，形形色色，除了政治家之外，有时也会有著名的学者和艺术家。这时候陪同会见的人中往往有中国的学者和艺术家、文学家等参加，我也有幸多次参加这样的会见。在这样的场合，口头译员是必不可少的。有时候，在外宾离去后，周总理往往让中国陪同人员留下，谈一谈刚才招待的情况。外宾在时，我的任务只不过是揖让进退，鞠躬如也，奉陪末座，一言不发。外宾一走，我们这些刚才是木雕泥塑的人，现在也活了起来，必须开口说话了。有一次，周总理含笑问翻译说："今天你又贪污了多少呀？"翻译也笑着回答说："不多，不多！至多不过百分之二十。"此时，郭沫若也在座，他接起话头说："我在日本住了多年，家中说的是日本话。但是，如果今天让我担任日语口译，我最多也只能翻到百分之八十。能有这个成绩，就应该表扬了。"总理点头称是。

又有一次，还是这样的场合，周总理对外宾说话时，使用"倚老卖老"这样一句俗话，翻译虽然译出来了，但感到有点困难。这一点总理也注意到了。于是在外宾离去后，他就同大家讨论"倚老卖老"究竟如何译为英文才算妥帖。大家七嘴八舌，最终也没有找到一个大家都满意的不失原文韵味的译法。

这仅仅是两个例子，但从中也足以看出口译之困难。口译难，笔译也不易。在这两方面，我个人都有不少经验与教训。我曾学习过不少的外语；但是，有的已经交还给老师。在剩下的那些外语中，笔译我使用过五六种，其中包括那一种稀奇古怪的吐火罗文。从梵文中译成汉文的最多，巴利文、英文和德文都有。口语能应用到一定程度的，只有英文和德文。口译工作我也曾作为临时客串担任过，其中困难，我所深知。端坐摆满山珍海味的宴会桌前，食难下咽，如坐针毡。大约只有干过这一行的，才能知道其中的滋味。至于我的口译究竟贪污了多少，那就概难言矣。在这里，我还必须声明一句：我对有一些外语都是用过十年寒窗的苦功的，决非仓促临阵磨枪。

我刺刺不休地说这些话有什么用呢？我只想说一点，就是学习外语并不容易。我在下面还会谈到这个问题。这同今天的翻译危机有什么瓜葛呢？我个人认为，今天翻译之所以有危机，最根本的原因就是，有一些译者有意或无意地认为学习外语很容易。我们必须下定决心，力矫这种弊端，然后我们外语界才有希望。

六、学习哪一种外语

我在上面多次谈到学习外语的重要性。但是，在世界上，民族林立，几乎都各有各的语言或方言，其数目到现在仍然处在估计阶段，究竟有多少，没有人能说得清楚。至于语言的系属和分类的方法，更是众说纷纭，一直也没有大家都承认的定论。

一个明显的问题摆在我们眼前：我们中国人要学习哪一种或几种外语呢？这个问题在中国实际上已经解决了，学校里，科研单位，社会上，都在学习英语，而这个解决方式是完全正确的。

当年马克思和恩格斯共同领导世界共运时，根据传记的记载，他们两人之间也有所分工，马克思主要搞经济问题和理论研究，恩格斯分工之一是搞军事研究，在他们的圈子里，恩格斯有一个绰号叫“将军”。至于语言，两人都能掌握很多种。希腊文和拉丁文在中学就都学过，马克思能整段整段地背诵古希腊文学作品。据说他们对印度的梵文也涉猎过。他们两人都能用德、英、法文写文章。德文以外，用英文写的文章最多，这是当时的环境使然，不足为怪。恩格斯更是一个语言天才，磕磕巴巴能说十几种外语。他们同家属一起到北欧去旅游，担任翻译的就是恩格斯。

总起来看，他们学习外语的方针是：需要和有用。

60年前，当我在德国大学里念书的时候，德国文科高中毕业的大学生，在中学里至少要学三种外语：希腊文、拉丁文、英文或法文。拉丁文要学八年，高中毕业时能用拉丁文致词。德国大学生的外语水平，同我们中国简直不能同日而语，这对他们不管学习什么科都是有用的。欧洲文化的渊源是古希腊和罗马，他们掌握了这两种语言，给他们的人文素质打下了深厚广阔的基础。至于现代语言，比如英文、法文、荷兰和北欧诸国的语言，由于有语言亲属关系，只要有需要，他们用不着费多大的力量，顺手就能够捡起。据我的观察，他们几乎没有不通英文的。

总之，他们学习外语的方针依然是：需要和有用。

我们中国怎样呢？我们学习外语的目的和方针也不能不是需要和有用。

拿这两个标准来衡量，我们今天学习外语首当其冲的就是英语。而近百年来我们的实践过程正是自觉或不自觉地遵守了这个方针。五四运动前，英语已颇为流行。我们通过英语学习了大量的西方知识，连德、法、俄、意等国的著作，也往往是通过英语的媒介翻译成了汉文的。五四运动以后，有些地方从小学起就开始学英文。初中和高中都有英文课，自然不在话下。山东在教育方面不是最发达的省份；但是，高中毕业生都会英文。学习的课本大概都是《泰西五十轶事》《天方夜谭》《莎氏乐府本事》等等，英文文法则用《纳氏文法》。从这些书本来看，程度已经不算太浅了。可是，根据我的观察和经验，山东英文水平比不上北京、上海等地的高中毕业生。在这两个地方，还加上天津，有的高中物理学已经采用美国大学一年级的课本了。

总而言之，简短截说一句话，中国一百年以来，学习外语，选择了英文，是完全合情合理的，是顺乎世界潮流的。

大家都知道，英文是英国、美国、加拿大、澳大利亚、新西兰等国的国语。连在印度，英文也算是国语之一。印度独立后第一部宪法规定了英文作为印度使用的语言的使用期，意思是，过了那个时限，英文就不再是宪法规定的使用语言了。但是，由于印度语言和方言十分繁杂，如果不使用英文，则连国会也难以开成。英文的使用期不能不无限期地延长了。在非洲，有一些国家也不得不使用英文。我们中国人，如果能掌握了英文，则游遍世界无困难。在今天的世界上，英文实际上已经成了“世界语”了。

说到“世界语”，大家会想到 1887 年波兰人柴门霍夫创造的 Esperanto。这种“世界语”确实在世界上流行过一阵。中国人学习的也不少，并且还成立了世界语协会，用世界语创作文学作品。但是，到了今天，势头已过，很少有人再提起了。此外还有一些语言学家制造过一些类似 Esperanto 之类的人造语言，没有产生什么效果。有的专家就认为，语言是自然形成的，人造语言是不会行得通的。

可是，据我所了解到的，有人总相信，世界上林林总总的人民，将来有朝一日，总会共同走向大同之域，人类总会有，也总需要有一种共同的语言。这种共同语言不是人造的，而是自然形成的。但形成也总需要一个基础，这个基础是哪一种语言呢？从眼前的形势来看，英文占优先地位。但是，英文能不能成为真正的“世界语”呢？我听有人说，英文单独难成为“世界语”的。英文的结构还有一些不合乎人类思维逻辑的地方。有的人就说，最理想的“世界语”是英文词汇加汉语的语法。这话初听起来有点近似开玩笑。但是，认真考虑起来，这并非完全是开玩笑。好久以来，就有一种汉文称之为“洋泾浜英语”，英文称之为 Pidgin English 的语言，是旧日通商口岸使用的语言。出于需要，非说英语不行，然而那里的中国人文化程度极低，没有时间，也没有能力去认真学习英语，只好英汉杂烩，勉强能交流思想而已。这种洋泾浜英语，好久没有听说了。不意最近读到《读书》1998 年第 3 期，其中有一篇文章《外语为何难学？》一文中讲到：语言具有表达形式与表达功能两套系统。两套系统“一分为二”还是“合二而一”，直接影响到语言本身的学习。作者举英语为例，儿童学话，但求达意，疏于形式，其错误百出，常令外人惊愕。如 I done it（I did it）（我做了它）；She no sleeping（She is not sleeping）（她没有睡）；Nobody don’t like me（Nobody like me）（没有人喜欢我）。这表示功能与形式有了矛盾，等到上学时，才一一纠正。至于文盲则“终身无悔”了。当它作为外语时，这一顺序则正相反，即学者已经具备表达功能，缺少的仅仅是一套表达形式。作者这些论述给了我许多启发。三句例子中，至少有两句合乎洋泾浜英语的规律。据说洋泾浜英语中有 no can do 这样的说法，换成汉语就是“不能做”。为什么英国小孩学说话竟有与洋泾浜英语相类似之处呢？这可能表示汉语没有形式变化，而思维逻辑则接近人类天然的思维方式。英语那一套表达形式中有的属于画蛇添足之类。因此，使用英语词汇，统之以汉语语法，从而形成的一种世界语，这想法不一定全是幻想。这样语言功能与表达形式可以统一起来。这种语言是人造的，但似乎又是天然形成的，与柴门霍夫等的人造的世界语，迥异其趣。

七、怎样学习外国语

这是我经常碰到的一个问题，也是学外语的人容易问的一个问题。我在 1997 年给上海《新民晚报》“夜光杯”这一栏目一连写了三篇《学外语》，其中也回答了怎样学习外语的问题。现在让我再写，也无非是那一些话。我索性把那三篇短文抄在这里，倒不全是为了偷懒。其中一些话难免与上面重复，我也不再去改写了，目的在保存那三篇文章的完整性。话，只要说得正确，多听几遍，料无大妨。

1998 年 6 月 13 日

胡适的学术研究

在中国近百年来的学术史上、思想史上、文化史上、文学史上，甚至教育史上，胡适都是一个举足轻重的人物，一个矛盾重重的人物，一个物议沸沸扬扬的人物，一个很值得研究而又非研究不行的人物。

最近安徽教育出版社决定出版约莫有两千万字的《胡适全集》，征序于我。我没有怎样考虑，便轻率地答应了下来。现在说是轻率，但在当时并没有一点轻率的感觉，反而觉得确有点把握。因为我从中学起，一直到大学，到留学，到回国任教，胡适的著作从《尝试集》《胡适文存》起，一直到《胡适论学近著》，再加上报刊杂志上他的那一些政论文章都读过，有的还读了不止一遍。对他的学术造诣以及对政治和社会问题的看法，自己觉得颇有把握。在另一方面，在40年代后半期，我作为北京大学的一个系主任，同作为校长的胡适，经常有接触的机会，请示汇报，例所难免。在学术研究方面，我同他一样，都推崇考据之学，颇能谈得来。从而对他的为人，待人接物，应对进退，有充足的感性认识。有了这两个方面，为他的《全集》写序，心里是觉得颇有底儿的，答应下来，难道还能算是轻率吗？

但是，一旦静心构思，准备动笔，我才憬然顿悟：自己答应得真是过于轻率了。我平常写东西，下笔颇快。这一次我却想一改旧习，学一学我的老祖宗季文子，要“三思而后行”，想把序写得好一点，写出一点水平来。适逢当今学坛突然掀起一股“胡适热”，仅就我视线所及，已经有十多种关于胡适的论著和胡适本人的著作出版问世。我觉得，要想写好这一篇序，必须熟读今贤书，从他们的书中吸取营养，扩大自己的眼界，开拓自己的思路。这个想法不能说不正确。古代中外许多圣贤不都提倡多闻吗？

于是我就多方搜求，得到了十几种胡适的书和关于胡适的书，整整齐齐，罗列案头，准备一一阅读，然后下笔，定能彩笔生花，写出一篇美妙的序文来。读了第一本书，觉得获得了很多知识，心里甜丝丝的。读了第二本，又觉得增长了很多知识，心里又甜丝丝的。记得外国什么哲学家说过，读别人的书，好像是让别人在自己的脑袋里跑马。跑第一次马时，我觉得跑得好，跑得有道理。跑第二次马时，我就觉得有点不对头。比方说，第一次跑马，马头向东。第二次跑马，马头却突然转而向西。究竟是向东对呢，还是向西对？我有点糊涂起来了。我这“糊涂”并不“难得”，是于无意中得之的。在糊涂中，我自己暗自思忖：如果第三次跑马而马头向南，第四次跑马而马头向北，我脑袋里岂非天下大乱了吗？这样一来，我将茫然，懵然，无所适从，我将完全处于被动的地位，变成一位呆子。

我于是下定决心，当机立断，把案头的书推开，除了偶尔翻阅一下以外，不再从头认真细读。与其让别人在自己脑袋里跑马，何不让自己跑几趟马呢？此时，我仿佛成了菩提树下的如来佛，尘障全逝，本性固融，丢掉了桎梏，获得了大自在。

且看我跑出些什么结果来。

1948年6月15日，北大校长胡适与出席泰戈尔画展的来宾在孑民堂前留影。前排右五徐悲鸿，右六胡适，左一季羡林。

胡适在中国近百年来学术史思想史上的地位

中国近百年来的学术史，也可以说是20世纪的学术史，究竟应该怎样分期，我还没有读到并世贤哲们的著作。我自己在这方面决不敢以内行自居，本着“半瓶子醋晃荡”的原则，提出自己的看法。学术总是脱离不开政治的，以政治环境为纲，我想把20世纪的中国学术史分为五个阶段：

（一）1901—1911年

（二）1911—1919年

（三）1919—1949年

（四）1949—1978年

（五）1978年—现在

我在下面试着加以简略的分析。

我觉得，要想探索中国近百年来的学术史，必须抓住三条线索或者三条脉络：一条是遵守乾嘉诸老的以考据为基础的治学方法；一条是利用西域和敦煌新发现或新出土的古代典籍和文物；一条是——利用美国学者费正清的现成的话——“中国对西方的反应”(China is response to the West)。第一条和第三条都明白易懂。只有第二条需要加点解释。中国学术史上——我想，世界学术史也一样——有一种现象或者甚至一条规律：有新材料发现，就能把学术研究向前推进一步，在学术史上形成一个新的阶段或新的时代。这样的例子，中外都不缺乏。在中国学术史上，最新的一次材料大发现，就是西域考古成果和敦煌遗书。关于这个问题，王静安先生做过演讲，而且他自己就是身体力行的人。陈寅恪先生在《王静安先生遗书·序》（见《金明馆丛稿二编》）一文中说：“然详绎遗书，其学术内容及治学方法，殆可举三目以概括之者。一曰取地下之实物与纸上之遗文互相释证。……二曰取异族之故书与吾国之旧籍互相补正。……三曰取外来之观念，与固有之材料互相参证。”这真可谓要言不烦。以简单明了的三目概括了王静安一生“几若无涯岸之可望”的治学范围和治学方法，真是大手笔。寅恪先生的第一目和第二目，相当于我上面说的第二条，第三目相当于我说的第三条，大家一看就可以明白。

我在下面分析我提出来的五个阶段时，就以陈先生的三目为纲。只有提纲，才能挈领。我的分析当然以适之先生为主，因为我不是在写《中国近百年来学术史》，而是写《胡适全集》的序。在五个阶段中，第一阶段与胡适关系不大，那时他还是青年学生。第二阶段则与他关系至大，他是这一阶段的主角。第三阶段他仍然演重要的角色。第四阶段他居住在台湾和美国，几与大陆学术界脱离。第五阶段则他已去世，没有可能再扮演什么角色了。岁月流转，时移世变，对陈先生的三目必须有所增添。这是很自然的事，用不着多加解释了。

以下就是分析。

第一阶段

虽然清王朝已朝不虑夕，但仍然有一个太后和两个皇帝坐在宝座上，发号施令，天下依然是大清帝国的天下。这种政治环境不能不对人们的心态起着作用。

在这期间，乾嘉诸老的考据学风对一些学者仍有影响。学术界的一些领袖人物，像章太炎、梁启超等忙着以不同的形式进行反满的活动，想重振大汉之天声，对学术研究不能不有所忽视，研究成果难以出现。但是，正在同时，由西方人进行的西域考古则硕果累累，而敦煌遗书的发现者最初也是西方人。北京的学者们虽已有所闻，但他们中之奸猾腐败者，只知窃取，据为己有，而不知研究利用，与西方学人根本对立。在学术研究方面根本谈不到对西方的反应。

在这一阶段，胡适还是一个少年，谈不上什么参与。

第二阶段

1911 年，辛亥革命成功。不管对这个成功如何评价，反正北京已把皇帝改成总统（最初叫普理玺天德），五族共和了，中国几千年来的封建统治结束了。这种政治环境也必然对中国人民——学者当然也包括在里面——的心态起着作用。在政治上，共和了没有多久，洪宪复辟的丑剧就出台而后又迅速的覆灭。接着来了军阀混战，民不聊生。在学术文化圈子里，老一辈的领袖人物，如章太炎、严复、康有为、梁启超等等，都有点功成身退的意味，一点也不活跃，在这一阶段的前一半，几乎成了真空，然而却给胡适准备好了活动舞台。

胡适于 1910 年赴美留学，先学农，后改文学，又改哲学。在文学和哲学中，他如鱼得水，欢游自如，找到了安身立命之地。初到美国时，他对美国政治感到极大的兴趣，并且亲自参加一些活动，达到如疯如狂的地步。因此，终其一生他认为美国式的民主政治是最好的政治，这里就埋下了他既反对共产党的政治，也反对国民党的政治之根。在哲学思想方面，他的最高理想就是杜威实验主义，也可以说是终生以之的。在学术研究方面，从他所写的三篇最早的文章——《〈诗〉三百篇言字解》《尔汝篇》《吾我篇》——中，依稀可以看见乾嘉诸大师的考据学对他的影响，他也是终生服膺增加了一点新成分的考据学，他有时称之为“科学方法”。

胡适于1917年回国。他虽然去国七年之久，但是对国内的情况，他还是相当清楚的。他回国后看到的是一个民生凋敝、政治混乱的局面。学术界几乎是一片荒芜，好像是等待着他来一试身手，大显身手。他一不颓唐，二不郁闷，而是精神抖擞，投入到祖国的改造中去。他带回来的是满脑袋的西方，特别是美国的思想。从对西方的反应这个角度上看，这是最激烈的时候，激烈地向西方倾斜。胡适的思想实际上是“全盘西化”的思想。陈独秀于1915年在上海创办的《新青年》，可以说是为胡适准备好了一片活动场所。1917年，胡适的石破天惊的文章《文学改良刍议》，就发表在《新青年》1917年1月号上。这是中国近代“文艺复兴”的第一声响炮，影响深远。胡适原意是掀起一场新文化的运动，然而最终却变成了一场声势浩大的政治运动，胡适对此曾多次表示不满。胡适因此以二十多岁的青年“暴得大名”。

总之，第二阶段的后半期，胡适意气风发，主宰了当时的文坛和学坛。

第三阶段

在这一阶段的前半期，胡适仍然是中国学术界和思想界的主将，同时他又涉足政治，发表了一些政论文章。在学术研究方面，乾嘉诸老的考据学对他仍有极大的影响。他锐意弘扬自己的“科学方法”。最著名的两句话“大胆的假设，小心的求证”，是他津津乐道而又人所共知的。西域考古资料，他不甚措意。敦煌遗书也仅仅利用了一点关于神会和尚的资料。而在同时，中国学术界的诸大师，如王国维、陈寅恪等等则精心利用地下发掘出来的资料和敦煌遗书，写出了超越欧洲和日本学者水平的文章。在对西方的反应方面，胡适一仍旧贯，向西方，特别是向美国倾斜，在学术方面和政治方面，都是如此。

第四阶段

此时中华人民共和国已经建立。胡适逃出了大陆，有时住在美国，有时住在台湾。在台湾，他并没有受到青睐，有时还遭到批判。在大陆，从 50 年代中期起，他遭到严厉的批判，成为著名的“反面教员”。对学术界的正面影响，可以说是一点也没有，有人甚至谈胡色变，在大陆，胡适时代早已经结束了。胡适毕竟还是一个爱国者，不愿老死异乡的美国，晚年回到了台湾，刚过古稀之年，就走完了自己的人生历程。

第五阶段

1978 年中国大陆上执行了改革开放的方针以后，经济上发生了天翻地覆的变化。文化界和学术界，也在多年窒息之后，从外面吹进了一股新风。中国的知识分子，被除掉了桎梏，思想活泼起来。在学术研究方面，敦煌学取得了辉煌的成绩，吐鲁番学也初具规模，一批年轻学人脱颖而出，预示出中国学术万紫千红，繁花似锦的时期即将在新的一个世纪内来临。对西方的反应是积极的。我们既主张拿来主义，也推行送去主义，这给我们带来了莫大的益处。胡适虽然早已离开了人世，但在这一股和煦的春风吹拂中，学术界正掀起一股“胡适热”，关于胡适的著作已经出版了十几种。胡适自己的著作也陆续出版，《胡适全集》即将出版，这将是胡适研究的登峰造极之举。对胡适的评价，也一反过去那种僵化死板的教条主义，转向比较实事求是的公平合理的康庄大道。还胡适以本来面目，此其时矣。

作为学者的胡适

我认为，胡适首先是一个学者，所以我把评估他的学术成就列为第一项。这里用“评估”二字，似乎夸大了一点，只能说是我对他的学术成就的印象而已。而且学者和思想家往往紧密相连，你中有我，我中有你。硬分为二，是不得已之举。其间界限是十分模糊的。

我不是写《胡适传》，我不想把他的学术著作一一罗列。如果举书名的话，也不过是为了便于说明问题。我想把他的学术著作粗略地分为六大类：

（一）早年的《〈诗〉三百篇言字解》《尔汝篇》《吾我篇》；

（二）整理国故和国学研究；

（三）以《说儒》为中心的《胡适论学近著》；

（四）关于神会和尚的研究；

（五）关于《水经注》的研究；

（六）为许多旧的长篇小说写序、作考证，一直到新红学、《白话文学史》和《哲学史》等。

这六大类约莫可以概括他的学术研究范围。

我对以上六大类都不一一做细致的论述和分析。我只根据我在上面划分中国近百年学术史的阶段时提出来的三条线索或者三条脉络，来笼统地加以概括。第一类中的三篇文章，明显地表现出来了，它们一方面受到了乾嘉考据的影响，另一方面又受到了西方语言研究的影响，特别是"吾""我""尔""汝"这几个人称代词。汉字是没有曲折变化的，完全不像西方那样。在西方语言中，人称代词有四格——主格、宾格、所有格和受事格，从字形上来看，泾渭分明，而汉字则不然，格变只能表现在字变上。这一点很容易为不通西语者所疏忽。胡适至少通英语，对此他特别敏感，所以才能写出这样的文章。胡适自己说：

> 我那时对归纳法已经发生了兴趣，也有所了解，至少我已经知道了"归纳法"这个词汇了。同时我也完全掌握了以中国文法与外国文法作比较研究的知识而受其实惠。（《胡适口述自传》120—121页）

可以看出他自己的认识。

谈到国学研究，先要澄清一个误解。我往往听到有人怀疑：胡适是新文化运动的领袖，怎么会一变而整理起国故来？这是不了解全面情况的结果。胡适说：

> 中国文艺复兴运动有四重目的：
>
> （1）研究问题，特殊的问题和今日迫切的问题；
>
> （2）输入学理，从海外输入那些适合我们作参考和

比较研究用的学理；

（3）整理国故（把三千年来支离破碎的古学，用科学方法做一番有系统的整理）；

（4）再造文明，这是上三项综合起来的最后目的。（上引书，203页）

原来胡适是把整理国故或国学研究纳入他的“中国文艺复兴”的范畴之内的，同平常所理解的不同。

胡适对中国近三百年来的学术研究做了几点总结。在成就方面，他认为有三项：第一项是“有系统的古籍整理”；第二项是发现古书和翻刻古书；第三项是考古——发现古物。同时，他也指出了三大严重的缺点：第一个缺点是研究范围太狭窄；第二个缺点是太注重功力，而忽略了理解；第三个缺点是缺少参考比较的材料。他针对这三大缺点，提出了复兴和提倡国学研究的三点意见：第一，用历史的方法来尽量扩大研究的范围；第二，注意有系统的整理；第三，“专史式”的整理——诸如语言文字史、文学史、经济史、政治史、国际思想交流史、科技史、艺术史、宗教史、风俗史等等。（上引书，204—207页）

以上就是胡适对整理国故的意见和贡献。

至于《胡适论学近著》中《说儒》那一篇长达数万言的论文，确是他的力作。他认为，“儒”字的原意是柔、弱、懦、软等等的意思。孔子和老子都属于被周灭掉的殷遗民的传教士，由于他们是亡国之民，他们不得不采取那种柔顺以取容的人生观。唐德刚先生对《说儒》这篇文章给予了至高无上的评价。他说：

适之先生这篇《说儒》，从任何角度来看，都是我国国学现代化过程中，一篇继往开来的划时代的著作。

他又说：

胡氏此篇不但是胡适治学的巅峰之作，也是中国近代文化史上最光辉的一段时期，所谓“30年代”的巅峰之作。我国近代学术，以五四开其端，到30年代已臻成熟期。那时五四少年多已成熟，而治学干扰不大，所以宜其辉煌也。这个时期一过以至今日，中国再也没有第二个“30年代”了。适之先生这篇文章，便是30年代史学成就的代表作。（上引书，273—274页）

我个人认为，唐先生对《说儒》的评价和对30年代学术的估价，是颇值得商榷的。《说儒》意见虽新颖，但并没有得到学术界的公认。郭沫若就有文章反驳。所谓“30年代”的学术成就，不知何所指。当时日寇压境，举国同愤，也不能说“干扰不大”。

关于适之先生的神会和尚的研究和《水经注》的研究，他的确用力很勤，可以说是半生以之。前者的用意在研究中国禅宗史，后者的用意在为戴震平反昭雪，其成绩都应该说是在《说儒》之上。

为旧小说写序，作考证，在这方面胡适的贡献是很大的，而影响也很大。在旧时代，小说不能登大雅之堂。由于胡适和其他一些学者的努力，小说公然登上了文学的殿堂，同其他昔日高贵的文学品种平起平坐。他对《红楼梦》的研究，我个人觉得是合情合理的。至于与此有联系的《白话文学史》，我认为是失败之作。因为白话同浅显的文言并无泾渭分明的界限，反不如用模糊理论来解释——可惜当时这个理论还没有产生。胡适有时牵强附会，甚至捉襟见肘，不能自圆其说。《中国哲学史》始终没有写完，晚年虽立下宏愿大誓，要把它写完，可惜他过早地逝去，留下了一部“未完成的杰作”。适之先生在学术问题上有时候偏激得离奇，比如对中国的骈文，他说“有欠文明”。他认为“四六”体起标点符号的作用，他把中国中古期文章体裁说成“鄙野”或“夷化”，因为它同古代老子和孔子所用的体裁完全不同，同后来唐宋八家的古文，也迥然有别。他拿欧洲“修道士的拉丁”和印度的“沙门梵文”来相比，前者我不懂，后者则完全不是这么一回事。我认为这是一位极其谨严的学者的极其可怪的偏见。这一点，唐德刚先生也是完全不同意的。（上引书，274—275 页）

作为思想家的胡适

胡适不喜欢“哲学史”这个词儿，而钟爱“思想史”这个词儿。因此，我不称他为“哲学家”，而称他为“思想家”。

不管是哲学，还是思想，他都没有独立的体系，而且好像也从来没有想创立什么独立的体系，严格地讲，他不能算是一个纯粹的思想家。我给他杜撰了一个名词：行动思想家，或思想行动家。他毕生都在行动，是有思想基础的行动。大名垂宇宙的五四运动，在中国学术史上，中国文学史上，甚至中国政治史上，是空前的，而执大旗作领袖的人物，不能不说是胡适，这是他在既定的思想基础上行动的结果。一个纯粹的思想家是难以做到的。

说到思想，胡适的思想来源是相当复杂的，既有中国的传统思想，又有西方的古代一直到近代的思想，以后者为主。中国“全盘西化”的思想和他有密切的关系。年轻时候信仰世界主义、和平主义和国际主义。在这方面影响他的有中国的老子。老子主张“不争”说：“夫惟不争，故天下莫能与之争。”还有墨子的《非攻》。此外还有西方的耶稣教的《圣经》，讲什么人家打你的右颊，你把左颊再转过去要他打。他这样的信仰都是历四五十年而不衰的。胡适的行动看起来异常激进，但是他自己却说，自己是保守分子。（上引书，138—161 页）表面上看，他是“打倒孔家店”的急先锋，他却不但尊崇孔子，连儒家大儒朱熹也尊崇。唐德刚先生甚至称他为“最后的一位理学家”。

胡适的意见有时候也流于偏激，甚至偏颇。他关于骈文的看法，上面已经介绍过了。与此有关联的是他对于文言的看法。他说：

> 死文字不能产生活文学。我认为文言文在那时已不止是半死，事实已全死了；虽然文言文之中，尚有许多现时还在用的活字，文言文的文法，也是个死文字的文法。（上引书，161 页）

那么，胡适真正的主要的思想究竟是什么呢？一言以蔽之，曰实验主义。我现在根据胡适的自述，简略地加以介绍。实验主义是 19 世纪末叶至 20 世纪初叶流行于美国的有影响的大哲学派别之一。当时最主要的大师是查理·皮尔士（Chanler

Pierce）、威廉·詹姆士（William James）和约翰·杜威（John Dewey）。第一人逝世于1914年，第二人1910年。胡适不可能从他们受学。只有杜威还健在，胡就成了他的学生。胡适自己说，杜威对他有“终身影响”。

什么又叫做“实验主义”呢？必须先介绍一点欧洲哲学史，特别是古希腊的哲学，才能知道杜威一些说法的来源。这要从苏格拉底（Socrates，公元前470?—前399年）讲起。我现在根据唐德刚先生的注释（上引书，108—114页）极其简略地加以说明。苏格拉底对“知识”这个概念有特殊看法。人性是本善的，之所以有不善，是由于“无知”的缘故。“知”是“行”的先决条件。“知”中有善而无恶，有恶之“知”，不是真“知”，无“知”则“行”无准则。要了解什么是“知”，必须了解什么是“不知”。所有的事物和概念都有真“知”，一般人不了解真“知”而自以为“知”。所以都是糊涂一辈子。他十分强调“自知之明”。他之所以拼命反对“民主”，就是因为他认为芸芸众生都是无“知”之辈，他们不能“主”，“主”者只能是有德者，“德”只是“知”的表现。有“知”自有“德”。从“无知”到“有知”，有一个从无到有的过程和方法，这就是“苏格拉底法则”。苏格拉底认为，天下任何事物和概念都各有其“普遍界说”（universal definition），比如说，猫的“普遍界说”就是“捉老鼠”。世界上的事物和概念，都将由其本身的“普遍界说”而形成一个单独的“形式”（form），这个“形式”有其特有的“次文化”（subculture）。

上述这种推理法，就是所谓“苏格拉底法则”。杜威对这个法则极为赞赏，胡适亦然。他们认为，“法则”只是一种法则，是一种寻求真理，解决问题的方法，并不是替任何“主义”

去证明那种毫无讨论余地的“终极真理”（ultimate truth）。他们实验主义者是走一步算一步的，不立什么“终极真理”。

苏格拉底的再传弟子——柏拉图的弟子亚里士多德（公元前 384—前 322），批评他的师祖和老师的推理杂乱无章，他搞了一个“三段论法”。所谓“三段”，指的就是大前提、小前提和结论。这可以称为“演绎推理法”（deductive method）。这方法的核心是“证明真理”，而不是“寻求真理”。后来它为中世纪的耶稣教神学所利用。这种神学已经有“终极真理”和“最后之因”，只需要证明，而不需要探求，这与亚里士多德的三段论法一拍即合，所以就大行其道了。

胡适经常讲他的方法是“归纳法”，就是针对这种演绎法而发的。

既然讲到了方法，我现在就来谈一谈胡适的“实证思维术”。胡适说：

> 我治中国思想与中国历史的各种著作，都是围绕着“方法”这一观念打转的。“方法”实在主宰了我四十多年来所有的著述。从基本上说，我这一点实在得益于杜威的影响。（上引书，94 页）

这是“夫子自道”，由此可见他毕生重视方法，在思想方面和治学方面的方法，而这方法的来源则是杜威的影响。

根据胡适的论述，杜威认为人类和个人思想的过程都要通过四个阶段：

第一阶段，固定信念阶段。

第二阶段，破坏和否定主观思想的阶段。这第二个阶段杜威称之为讨论阶段。

第三阶段，是从苏格拉底法则向亚里士多德的逻辑之间发展的阶段。杜威用溢美之词赞扬苏格拉底，而对亚里士多德的三段论法，则颇有微词。

第四阶段，也就是最后阶段，是现代的归纳实证和实验逻辑。（上引书，93—94 页）

杜威在另一本举世闻名的著作《思维术》中，认为有系统的思想通常要通过五个阶段：

第一阶段，为思想之前奏（antecedent），是一个困惑、疑虑的阶段，导致思想者去认真思考。

第二阶段，是决定这疑虑和困惑究在何处。

第三阶段，为解决这些困惑和疑虑，思想者自己会去寻找一个解决问题的假设，或面临一些现成的假设的解决方法，任凭选择。

第四阶段，思想者只有在这些假设中，选择其一作为对他的困惑和疑虑的可能解决的办法。

第五阶段，也是最后阶段。思想者要求证，他把大胆选择的假设，小心地证明出来，哪个是对他的疑虑和困惑最满意的解决。（上引书，96 页）

我想，大家一看就能够知道，胡适有名的“大胆的假设，小心的求证”，来源就在这里，是他从杜威那里学来而加以简化和明确化了的。

根据我个人肤浅的分析，在对外方面，在对西方的反应方面，胡适这个思想的来源还不仅限于杜威，一定还有尼采的影响在，他那“重新评估一切价值”的名言，影响了整个世界。在对内方面，胡适也受到了影响，最突出的是宋代哲学家张载。张载说：“在可疑而不疑者，不曾学；学则须疑。”（《大学·原下》）他又说：“无征而言，取不信。启诈妄之道也。杞宋不足征吾言，则不言；周足征，则从之。故无征不信，君子不言。”（《正蒙·有德篇》）（以上引文都见上引书，20页。参看同书，12页，胡适自己的说法）

多少年来，我就认为：“大胆的假设，小心的求证”，这十个字是胡适对思想和治学方法最大最重要的贡献。胡适自己在《口述自传》中“青年期逐渐领悟的治学方法”这一节里说：

> 我的治学方法似乎是经过长期琢磨，逐渐发展起来。　　我十几岁的时候，便已有好怀疑的倾向，尤其是关于宗教方面。

下面他讲到“汉学”，又说：

> 近三百年来学术方法上所通行的批判研究实自北宋开始，中国考古学兴起的时候。古代的文物逐渐发展成历史工具来校勘旧典籍，这便是批判的治学方法的起源。“考据学”或“考证学”于焉产生。

胡适在十九岁前读中国经书，发现了汉、宋注疏之不同，企图自己来写点批判性的文章。这种以批判法则治学的方法，胡适名之为“归纳法”。（上引书，118—119 页）

在这同一节中，胡适又说：

> 我举出了这些例子，也就是说明我要指出我从何处学得了这些治学方法，实在是很不容易的。我想比较妥当的方法，是我从考据学方面着手逐渐地学会了校勘学和训诂学。由于长期钻研中国古代典籍，而逐渐的（应作“地”——羡林）学会了这种治学方法。所以我要总结我的经验的话，我最早的资本或者就是由于我有怀疑的能力。（上引书，125 页）

最了解自己的老师的胡适的学生唐德刚说，胡适的治学方法只是集中西“传统”方法之大成，他始终没有跳出中国的“乾嘉学派”和西洋中古僧侣所搞的“圣经学”（Biblical Scholarship）的窠臼。（上引书,133 页）唐又本着“吾爱吾师，吾尤爱真理”的精神说，胡适“不成一套！”（上引书,111 页）

唐德刚先生的话不无道理，胡适的“治学方法”确实是中西合璧的。但是，我认为，决不能就因此贬低了胡适的“大胆的假设，小心的求证”。我上面已经提到，这是胡适最大的贡献之一。无论是人文社会科学家，还是自然科学家，真想做学问，都离不开这十个字。在这里，关键是“大胆”和“小心”。研究任何一个问题，必先有假设，否则就是抄袭旧论，拾人牙慧。这样学问永远不会有进步。要想创新，必有假设，而假设则是越大胆越好。在神学统治的重压下，哥白尼敢于假设地球围着太阳转，胆子可真够大的了。但是，大胆究竟能够或者应该大到什么程度，界限很难确定，只好说“存乎一心”了。有了假设，只是解决问题第一步。这种假设往往是出于怀疑，很多古圣先贤都提倡怀疑，但是怀疑了，假设了，千万不要掉以轻心，认为轻而易举就能得到结论，必须求证，而求证则是越小心越好。世界上，万事万物都异常复杂，千万不要看到一些表面就信以为真，一定要由表及里，多方探索，慎思明辨，期望真正能搔到痒处。到了证据确凿，无懈可击，然后才下结论。有的学者甚至认为，孤证难信。这做起来比较难。如果真正只有一个孤证，你难道就此罢手吗？

胡适毕生从事考据之学，迷信考据之学。他在《齐白石传》中说过几句话：白石先生用“瞒天过海”的迷信方法，来隐瞒自己的年龄，却瞒不过考据学。可见他对考据学信仰之虔诚。我再重复说一句：十字诀是胡适重大贡献之一，对青年学者有深远的影响。

1996年12月24日写毕

本文摘自《〈胡适全集〉序——还胡适以本来面目》

饶选堂的治学特点

也许是因为我自己的研究范围间有与饶选堂先生共同之处，比如中印关系、梵语语言等等，所以，我只要得到选堂先生的著作，必仔细拜读。我个人觉得，选堂先生的学术研究有四大特点：第一，涉及范围广，使人往往有汪洋无涯涘之感。这在并世学人中并无第二人。第二，选堂先生的论文引用材料范围极广。古典文献，固无论矣。对当代学人的文章，他也几乎是巨细不遗。当前国内出版的学报，数量极大。我们注意的往往只是几个著名大学的学报，穷乡僻壤的一些师范学院的学报，往往被我们所忽视。选堂先生则不然。这些生僻的学报，他也往往尽收眼中，加以引用。第三，选堂先生非常重视考古发掘的地下新资料。他对大陆考古发掘情况了如指掌。不用举更远的例子，眼前这一部新著就是最好的证明。第四，由于具备了以上诸条件，加以能读书得闲，所以饶先生在论文中时有新的创获。

以上四项中，第四项最为重要。学术研究，必随时有新创获，这样学术才能前进。如果每个学人都陈陈相因，固守旧说，不敢越雷池一步。那么，学术必然会原地踏步，毫无进展，学术研究也就根本没有意义了。

这一点道理，谁都明白。然而，创新何易言哉！创而中，则必令人有石破天惊之感，如夏日饮冰，痛快淋漓。创而不中，则如真理超过一分即成谬误，令人啼笑皆非矣。近世学人能创新者盖亦有人。我只举闻一多和郭沫若两先生。他们的著作中，创新之处颇多，能令人叹服。但令人啼笑皆非者，亦复多有。大胆假设固佳，小心求证更难。世之学人，不能以此自傲也。

我决不是说，选堂先生文章中就有此类现象，决不是的。我只不过是在谈到选堂先生的创新时偶然发了一点感慨，如此而已。

1999 年 2 月 2 日

本文为《中国宗教思想史新页》序

把学术还给人民大众

关于是不是应该把学术还给人民大众这个问题，现在几乎没有详细讨论的必要了。我想，恐怕只有极少数的人还反对这样做，还想把学术关在天上，只放出点余光来，让留在地上的人民大众仰头赞叹，顶礼膜拜。但我为什么现在又把这个问题提出来呢？我的主要用意是想把一个在旧社会里生长起来的知识分子关于这方面思想改造的过程写出来，让大家看一看，对有些人也许还有点参考的价值。

我自己是一个在旧社会里生长起来的知识分子。自从自己有了点知识那一天起，我就有一个偏见：我反对一切通俗化的举措，看不起一切通俗化的书籍。我当然崇拜专家，但我所最崇拜的却是专门研究一个问题的专家。问题的范围愈小愈好，牛角愈钻得深愈好。最好是一头钻进去，钻上三年五载，然后写出一篇论文来，这篇论文也许世界上只有几个人肯读，只有几个人能够读得懂，这样一个专家在我眼中才真正是一个专家，才真正值得佩服。我在初中的时候，就崇拜过爱因斯坦，这并不是说我是一个神童，十几岁就了解了相对论。相对论我到现在还一丝一毫都不了解，何况二十年前？我当时甚至不知道爱因斯坦是男是女，是哪一国人，相对论是属于哪一门科学的。我只听说，相对论世界上只有七个半人懂，我于是立刻觉得，学问到了这个地步才真正算是学问，便对这位爱因斯坦先生肃然起敬了。后来自己弄印度和古代中亚语言学。倘若有人也研究印度语言学或古代中亚语言学，我当然并不反对。倘若有人在这方面有什么著作，我当然很高兴看到。但我自己所最向往的却是能够对印度语言学或古代中亚语言学上一个小到不能再小的问题写上一部大书，对一个简单的单字写上一篇长长的论文，最好还是能够写到深奥复杂到一个程度，让一般人，连专家在内，都看不懂，这样我觉得才够味，这样才是真正的学术，学术的妙处就在这一点神秘味。倘若有人写一部通俗的书，无论这个人是怎样有地位的专家，我过去也许对他曾经一度崇拜过，我立刻就会看不起他。他的书无论写得多么好，我总拒绝去看。有时我甚而还搜寻世界上最刻毒的话来批评，武断地抹煞它的一切好处，即便勉强看了有时候也觉得的确写得还不坏；但我的偏见却不让我去赞美它。我总觉得一本让大家都能看懂的书一定没有价值，大家都能看懂了，学术还有什么神秘味呢？学术而没有神秘味，那还值得我们崇拜吗？

我为什么这样做呢？当然并没有想到这问题，因为根本没有意识到还有这样一个问题存在。是不是有奇货可居的意思呢？在意识里，我自问确实是没有；但在潜意识里，那就不敢说了。几千年以来，无论是在世界上哪一个国土里，在所谓文明国家里也好，在所谓野蛮国家里也好，学问都操在一小部分的特权阶级手里，学问成了一部分人统治和压迫另一部分人的重要武器。中国古代有“民可使由之，不可使知之”的话，这完全暴露了统治阶级的心理。“民”怎样才可以“知”呢？有了学问就会知了。正像古代的天神把火的秘密紧紧地握在手里一样，统治者把学问紧紧地握在手里。他们还散布什么“劳心者治人，劳力者治于人”的谣言，劳心者就是有学问的人，劳力者就是没有学问的人，人而没有学问当然只好被治了。同这谣言同时流行的还有一首大家都知道的诗：“天子重英豪，文章教尔曹。万般皆下品，惟有读书高。”这些谣言和这些诗歌都只有有学问的人才能创造。于是统治者就利用这些有学问的人，这些有学问的读书人也就帮助他们的“天子”把“民”一下统治了几千年。

在古代的印度情形也差不多。当时研究学问的种种方便都操在第一阶级的婆罗门手里，只有他们有权利可以同神们办交涉，他们可以诵读吠陀圣典，可以唱赞美神的诗，他们是有学问的人。他们也就利用他们的学问，把原始人创造的神话加以改变或者自己创造神话，来麻醉人民，好巩固自己的统治地位。我现在举一个例子，在古代印度人第一圣典《梨俱吠陀》第十卷里有一首诗叫做《原人歌》，里面有两首诗，我现在译在下面：

> 把原人分割开来，有几种变现呢？他的嘴是什么？他的胳臂怎样？他的腿怎样？他的两足叫什么名字？
>
> 他的嘴是婆罗门，他的胳臂是王族，他的腿是吠舍（平民），从他的双足里生出首陀罗（最低阶级）。

整个《原人歌》的意思就是把宇宙万有幻想成一个巨人，太阳是他的眼睛，风是他的呼吸，空界是从他的脐里生出来的，天界是他的头化成的，地界就是他的足——这些都可能是原始人类的想法。但有学问的婆罗门人就利用了这原始神话，把当时社会上存在的四个阶级的来源也神化了。因为自己是第一阶级，就说什么自己是从原人嘴里生出来的，阶级愈低，生出的地位也就愈低，到了首陀罗，就只好从原人的脚下面产生了。这当然都是鬼话，但学问在婆罗门手中，谣言也只好由他们来造，别的阶级只好受他们的麻醉了。

在欧洲中世纪我们找到同印度几乎完全相同的例子。当时教士阶级也是第一阶级，学问也几乎完全操在他们手里。他们自命是具有神圣性格的人，他们有独占管理圣餐的权力，与一般凡人迥乎不同。他们先用种种方法脱开了普通法律的羁绊，终于完全不受政府的支配。罗马有一位主教基拉西乌斯曾说："支配世界的有两种力量，教士与国王。第一种力量当然在第二种之上，因为人类行为，连国王在内，都是由他们对上帝负责。"他们的想法，他们的作风，完全同他们在印度的同事婆罗门一样。倘若有人说，上面这一段话是一位印度婆罗门说的，我想，也没有人会怀疑。

类似上面的例子还可以举出很多来；但只是上面举的几个例子也就可以告诉我们，特权阶级怎样有意识地或无意识地利用学问来巩固他们的特权，维持他们在社会上高高在上的地位。我自己以前之所以反对把学术通俗化，是不是也有这个动机，我自己确实还没有意识到；但在潜意识里恐怕就很难免没有这样的动机。

但终于来了解放。对我自己说，解放真像暗夜里一线光明，照澈了许多糊里糊涂的思想。我过去当然不会是唯物，但也谈不上唯心，我根本没有唯什么，只是模糊一团。我自己研究的是印度语言学和中亚古代语文。这一切就是我的天地，我天天同各种奇形怪状的字母相对，脑筋里想到的只是文法变化，根本没有时间、也根本没有兴趣来谈哲学上思想上的问题，谈唯什么的问题，虽然思想里存在着许多唯心的不科学的成分。解放以后，大家都搞学习，我也参加进去。到现在已经半年多了，我绝不敢说，我的思想已经打通了，但对许多问题的看法却已经在潜移默化中大大地改变了。以前根本没有想到像自己这样一个人还有这样多的问题。当然我从来没有认为自己已经是尽善尽美；但也没有觉到自己还有检讨一下自己的必要。让我改变看法的主要原因，除了书本子上的理论以外，就是实际的例子。我几乎天天在报纸上读到作为新中国的主人的工人的创造天才，读到关于工人工作情绪高扬的记载。我钦佩这些以前被压迫的从来没有多少机会求得学问的人们的精神。另外，我还看到了真正的民间艺术。对这些艺术我以前也没有什么了解，也可以说是，没有了解的机会。但我现在却亲耳听到了民歌和根据民歌改造的歌，我亲眼看到了在匈牙利获得特奖的民间舞蹈艺术腰鼓舞。这些歌声才真正是盛世之音，里面洋溢着一片生机、一团力量，确实能够表达出新中国伟大的精神，象征出中国将来远大灿烂的前途。再回想起解放前随地都可以听到的柔媚的歌声，古人所谓亡国之音大概就是那样罢。说到民间舞蹈，更是住在大都市里的知识分子连做梦也没有想到的。腰鼓舞获得世界特奖，有少数的人还觉得奇怪；但我却以为，像中国腰鼓舞这样的艺术，倘若在世界上得不到特奖，那才是怪事呢。像这样的例子真是不胜枚举。我现在才真正认识了人民大众的伟大，我仿佛是一个井底之蛙，今天从井里跳出来，看到了天地之大。过去有一个时期我也是相信“英雄造时势”的。我觉得历史就是几个所谓伟人造成的，没有他们，社会就没有变化，他们就是社会进化的原动力。说到学术，我更坚定不移地相信，一部学术史就是几个大学者的历史。没有哥白尼，我们就一直到现在还会相信，太阳绕着地球转。没有爱因斯坦，我们就不会有相对论。在学术史上大学者的地位就同在历史上的“英雄”完全一样。

但是现在人民大众创造力的伟大清清楚楚摆在我们眼前，不容我们不承认。历史上一切进化的根源都是从人民大众那里来的，他们才真正推动了历史的巨轮。历史上所谓“英雄”，同学术史上的大学者一样，当然有他们一定的作用，无论谁也不会一笔抹煞；但他们只不过适应了人民大众共同的要求，或者把人民大众所获得的经验总结起来使社会进化加速一步或学术水平提高一步。脱离了人民大众就什么事情也做不成。

人民大众的创造力既然这样伟大，在过去得到应得的发展没有呢？根本没有得到，因为学问操在极少数的特权阶级手里，学问是他们最重要的武器和护身符，他们把学问谨慎地锁起来，像一个囤积商人囤积奇货，不让它与人民大众发生关系，恐怕秘密泄露了，失掉自己的地位。人民大众失掉求得学问的机会，自己的创造力只好在极不正常极艰苦的条件下慢慢发展。现在解放了，我们应该把学术交还给人民大众。《中国人民政治协商会议共同纲领》第五章第四十九条明确地规定了：“发展人民出版事业，并注重出版有益于人民的通俗书报。”这就是要指明，我们应该走的方向。无论哪一行的专家都应该严格执行这一条的规定，把他们专门研究的学问用通俗的形式写出来，让人民大众能够了解，能够接受。倘若大家都这样做，我敢相信，人民大众的创造力，得了专门学问的辅助，将会更高地发扬起来，空前地发扬起来。然后我们再在普及的基础上把学术水平逐渐提高，普及的程度愈大，水平也就愈提得高。过去是几个学者把自己关在图书馆或研究室里孤独地研究和发明，现在是全体人民大众都参加到这发明和研究工作里来，这样一来，一方面普及，一方面提高，愈普及就愈提高，愈提高就愈普及，交互影响，学术将会飞跃地前进。只有这样，被封锁了几千年的人类创造的智慧，才真正地得到解放。

1949 年 11 月 18 日

坐拥书城意未足

古今中外都有一些爱书如命的人。我愿意加入这一行列。

书能给人以知识，给人以智慧，给人以快乐，给人以希望。但也能给人带来麻烦，带来灾难。在大革文化命的年代里，我就以收藏封资修、大洋古书籍的罪名挨过批斗。1976 年地震的时候，也有人警告我，我坐拥书城，夜里万一有什么情况，书城将会封锁我的出路。

批斗对我已成过眼云烟，那种万一的情况也没有发生，我“死不改悔”，爱书如故，至今藏书已经发展到填满了几间房子。除自己购买以外，赠送的书籍越来越多。我究竟有多少书，自己也说不清楚。比较起来，大概是相当多的。搞抗震加固的一位工人师傅就曾多次对我说：这样多的书，他过去没有见过。学校领导对我额外加以照顾，我如今已经有了几间真正的书斋，那种卧室、书斋、会客室三位一体的情况，那种“初极狭，才通人”的“桃花源”的情况，已经成为历史陈迹了。

有的年轻人看到我的书，瞪大了吃惊的眼睛问我：“这些书你都看过吗？”我坦白承认，我只看过极少极少的一点。“那么，你要这么多书干嘛呢？”这确实是难以回答的问题。我没有研究过藏书心理学，三言两语，我说不清楚。我相信，古今中外爱书如命者也不一定都能说清楚。即使说出原因来，恐怕也是五花八门的吧。

真正进行科学研究，我自己的书是远远不够的。也许我搞

季羡林家中当年“那种卧室、书斋、会客室三位一体”“初极狭，才通人”的“桃花源”情况。

的这一行有点怪。我还没有发现全国任何图书馆能满足，哪怕是最低限度地满足我的需要。有的题目有时候由于缺书，进行不下去，只好让它搁浅。我抽屉里面就积压着不少这样搁浅的稿子。我有时候对朋友们开玩笑说：“搞我们这一行，要想有一个满意的图书室简直比搞四化还要难。全国国民收入翻两番的时候，我们也未必真能翻身。”这决非耸人听闻之谈，事实正是这样。同我搞的这一行有类似困难的，全国还有不少。这都怪我们过去底子太薄，解放后虽然做了不少工作，但是一时积重难返。我现在只有寄希望于未来，发呼吁于同行。我们大家共同努力，日积月累，将来总有一天会彻底改变目前这情况的。古人说：“前人种树，后人乘凉。”让我们大家都来当种树人吧。

1985 年 7 月 8 日晨

对我影响最大的几本书

我是一个最枯燥乏味的人，枯燥到什么嗜好都没有。我自比是一棵只有枝干并无绿叶更无花朵的树。

如果读书也能算是一个嗜好的话，我的唯一嗜好就是读书。

我读的书可谓多而杂，经史子集都涉猎过一点，但极肤浅。小学、中学阶段，最爱读的是“闲书”（没有用的书），比如《彭公案》《施公案》《济公传》《三侠五义》《小五义》《东周列国志》《说岳》《说唐》等等，读得如醉似痴。《红楼梦》等古典小说是以后才读的。读这样的书是好是坏呢？从我叔父眼中来看，是坏。但是，我却认为是好，至少在写作方面是有帮助的。

至于哪几部书对我影响最大，几十年来我一贯认为是两位大师的著作：在德国是海因里希·吕德斯，我老师的老师；在中国是陈寅恪先生。两个人都是考据大师，方法缜密到神奇的程度。从中也可以看出我个人兴趣之所在。我禀性板滞，不喜欢玄之又玄的哲学。我喜欢能摸得着看得见的东西，而考据正合吾意。

吕德斯是世界公认的梵学大师，研究范围颇广，对印度古代碑铭有独到深入的研究。印度每有新碑铭发现而又无法读通时，大家就说：“到德国找吕德斯去！”可见吕德斯权威之高。印度两大史诗之一的《摩诃婆罗多》从核心部分起，滚雪球似的一直滚到后来成型的大书，其间共经历了七八百年。谁都知道其中有不少层次，但没有一个人说得清楚。弄清层次问题的又是吕德斯。在佛教研究方面，他主张有一个“原始佛典”(Urkanon)，是用古代半摩揭陀语写成的。我个人认为这是千真万确的事；欧美一些学者不同意，却又拿不出半点可信的证据。吕德斯著作极多，中短篇论文集为一书《古代印度语文论丛》。这是我一生受影响最大的著作之一。这书对别人来说，可能是极为枯燥的；但是，对我来说却是一本极为有味，极有灵感的书，读之如饮醍醐。

在中国，影响我最大的书是陈寅恪先生的著作，特别是《寒柳堂集》《金明馆丛稿》。寅恪先生的考据方法同吕德斯先生基本上是一致的。不说空话，无证不信。两人有异曲同工之妙。我常想，寅恪先生从一个不大的切入口切入，如剥春笋，每剥一层，都是信而有征，让你非跟着他走不行，剥到最后，露出核心，也就是得到结论，让你恍然大悟：原来如此，你没有法子不信服。寅恪先生考证不避琐细，但决不是为考证而考证，小中见大，其中往往含着极大的问题。比如，他考证杨玉环是否以处女入宫。这个问题确极猥琐，不登大雅之堂。无怪一个学者说：这太 Trivial（微不足道）了。焉知寅恪先生是想研究李唐皇族的家风。在这个问题上，汉族与少数民族看法是不一样的。寅恪先生是从看似细微的问题入手，探讨民族问题和文化问题，由小及大，使自己的立论坚实可靠。看来这位说那样话的学者是根本不懂历史的。

在一次闲谈时，寅恪先生问我《梁高僧传》卷九《佛图澄传》中载有铃铛的声音“秀支替戾冈，僕谷劬秃当”是哪一种语言？原文说是羯语，不知何所指？我到今天也回答不出来。由此可见寅恪先生读书之细心，注意之广泛。他学风谨严，在他的著作中到处可以给人以启发。读他的文章，简直是一种最高的享受。读到兴会淋漓时，真想浮一大白。

中德这两位大师有师徒关系，寅恪先生曾受学于吕德斯先生。这两位大师又同受战争之害。吕德斯生平致力于Udānavarga之研究，几十年来批注不断。二战时手稿被毁。寅恪师生平致力于读《世说新语》，几十年来眉注累累。日寇入侵，逃往云南，此书丢失于越南。假如这两部书能流传下来，对梵学、国学将是无比重要之贡献。然而先后毁失，为之奈何！

1999年7月30日

跨世纪中国人该读什么书

这确实是一个大题。大题可以小做，并不难。我只须随便想出几本书，根据编者的指示，“最好在每个书名下写三五句话”，几句话写完，便万事大吉，可以交卷了。

但是，如果想大做，便十分困难。中国有12亿人口，文化和爱好各异。即使针对有中等文化水平的读者，其数量也极为可观。俗话说“众口难调”，我哪里会有调众口的能力呢？

想来想去，眉头一皱，计上心头：还是写虚一点好。所以，我就先务一点虚，讲一讲该读的书的大范围，顺便写上几本书的名字。

现在什么都讲“跨世纪”。我体会，其意无非是想告诉人们：再过五年，一个新世纪就来到眼前了。到了新世纪，人们都应该有“万象更新”的意识，有点新精神，有点新活力，干点新事情，搞点新创造，使自己和人们耳目都为之一新，不管男女老幼，都努力成为一个新人。

我们现在谈该读的书，也应该着眼于此点，否则就毫无意义。既然讲新，就必须先知道旧，新旧是对比而形成的。同21世纪的新相比，过去和现在都属于旧。专就读书来讲，过去和现在是什么情况呢？整个社会的情况，我说不清。我只能说一说我比较了解的大学和科研机构的情况。我总的印象是：其量颇为可观的学者，知识面不够广，文理科分家的现象还比较严重，对当前世界思想界和科技界最新的发展不够关心，如此等等。特别是理工科的学者普遍轻视文科，这同当前的社会风气和某些人的倡导有关，这里用不着详谈。我只想指出一点：历史和现实情况都告诉我们，没有深厚的文化基础，科技的发展是有限度的。文理泾渭、楚河汉界的想法和做法已经陈旧了。现在国内外有识之士，已经逐渐感到这一点。世界学术发展的方向，即使还不能说是全方位的，但在某一些方面，渐渐消泯文理的鸿沟，你中有我，我中有你。在这种认识的指导下，许多崭新的学科出现了，人们的眼界大大地开阔了，过去没有提过的问题，现在提出来了；过去没有使用过的方法，现在使用起来了。人们眼前，豁然开朗。我们面对着真理又向前走近了一步。我在上面曾谈到努力成为一个新人的问题，这就是成为新人的最重要的条件。

环顾全球，西方有一些学者已经意识到这个问题。最近几十年来兴起了几门新学科。虽然多以自然科学为出发点；但一旦流布，文科的一些学科也都参加进来。我举两个最著名的例子：一个是模糊学，一个是混沌学。二者原来都属于自然科学，然而其影响所及，早已超出了自然科学的范围。现在以模糊数学为基础，或者说滥觞于模糊数学，接二连三地兴起了一批新的模糊学科，什么模糊逻辑，什么模糊心理，什么模糊语言，什么模糊美学，几乎什么学都模糊，模糊得一塌糊涂。然而，仔细品味起来，其中确有道理，决不是信口雌黄、哗众取宠。混沌学也有类似的情况，这里不详细讨论了。

我认为，这就是世界学术发展的新动向、新潮流。现在我们考虑学术问题和与学术有关的诸问题，都必须以此为大前提。如果同意这个观点，我们再谈读书问题，就算是有了共识，有了共同的基础。

以上属于务虚的范畴，现在我想谈一点比较实的东西了。我认为，跨世纪的中国人，除了不能读书者或不愿读书者外，能读书的都应该成为一个通人，眼界开阔，心思敏锐，博古通今，知识面广。这里可能有不同的水平，不同的层次，但基本要求则是一致的。中外历史和文化，古今历史和文化都应该懂一点。关于中国史，郭沫若、范文澜、翦伯赞等等诸老的著作都可以拿来一读。但是，不管这些巨著曾经多么辉煌，曾经有多么大的影响，到了今天，诸书的时代烙印太深刻了，难以适应当前的要求。中国通史实有重新编写的必要。对于中国文学史，我也有同样的想法。关于中国思想史，侯外庐、张岂之的著作，还是可以读的。外国的历史和文化，我还没有发现什么特别引人瞩目的著作，无法介绍。关于中国科技史，李约瑟的著作是必读之书。我在这里想着重推荐一本必读书：周一良主编、河南人民出版社出版的《中外文化交流史》。我在很多地方都讲过，文化交流是促进人类社会前进的动力之一。世界上的民族，不论大小，不论历史长短，大都对人类文化各自作出了不同程度的贡献。说文化是一个民族创造的是法西斯论调。可是，人们往往对文化交流注意不够。实际上，文化交流史是对人民进行爱国主义教育和国际主义教育最好的教材。这样的书应该广泛宣传、广泛阅读。认为它可有可无，是完全错误的。

至于我上面提到的模糊论和混沌论，西方出了不少的书，中国已有介绍。我热切希望读者们能自己选择几本，仔细读一读，必能开阔眼界、增强思路。所有跨世纪的中国有文化能读书的人们，决不应掉以轻心。

最后，我还想说上几句似怪而实不怪的话。所谓“世纪”

是人为地创造出来的。如果没有一个耶稣，也就不会有什么世纪。大自然并没有这样的划分。中国古代以干支纪年，在某一个朝代以皇帝的年号来纪年，我们照样能写出二十四史来。但是，现在既然全世界都接受了所谓“公历”，也自有它的方便之处。我们可千万不要忘记，这是人为地制造出来的东西，不必赋予它什么神秘的意义。有些人一提到“世纪末”就战战兢兢，如临深渊，如履薄冰。这是大可不必的，而且似乎有点可笑的。因为在文章的题目中有“跨世纪”这样的字样，所以对“世纪”说了这一番话。

1995 年 5 月 7 日